无人机航拍
技术与应用

何　敬◎主编

燕山大学出版社
·秦皇岛·

图书在版编目(CIP)数据

无人机航拍技术与应用 / 何敬主编. -- 秦皇岛：燕山大学出版社，2024.9

ISBN 978-7-5761-0421-9

Ⅰ. ①无… Ⅱ. ①何… Ⅲ. ①无人驾驶飞机－航空摄影 Ⅳ. ①TB869

中国版本图书馆CIP数据核字（2022）第202655号

无人机航拍技术与应用

WURENJI HANGPAI JISHU YU YINGYONG

何 敬 主编

出 版 人：陈 玉	
责任编辑：刘馨泽	**策划编辑：**吴 波
责任印制：吴 波	**封面设计：**刘馨泽
出版发行：燕山大学出版社 YANSHAN UNIVERSITY PRESS	**电 话：**0335-8387555
地 址：河北省秦皇岛市河北大街西段438号	**邮政编码：**066004
印 刷：涿州市般润文化传播有限公司	**经 销：**全国新华书店

开 本：710mm×1000mm 1/16	**印 张：**13.75
版 次：2024年9月第1版	**印 次：**2024年9月第1次印刷
书 号：ISBN 978-7-5761-0421-9	**字 数：**230千字
定 价：58.00元	

作者简介

何敬(1990.1—),男,汉族,四川巴中人。2015年毕业于南昌大学并获硕士学位。现为衢州职业技术学院艺术设计学院讲师、第二党支部书记、摄影摄像技术专业教学团队负责人,浙江省摄影家协会会员。主要从事摄影摄像基础、影视广告、无人机航拍技术、微电影创作等课程教学,主要研究方向为影视艺术与传播等,已发表学术论文17篇,参编教材2部,参与研究课题11项,指导学生竞赛获国家级奖项4项、省级A类竞赛奖项7项。2016年、2018年分别获得浙江省高校微课教学比赛二等奖、三等奖,2020年获得浙江省高职院校教学技能大赛二等奖。在校工作期间,获得优秀班主任、优秀党员、优秀党务工作者等多项荣誉称号。

前言

从20世纪90年代至今，随着科学技术的不断进步发展，民用无人机开始进入人们的视野。无人机从最初的固定翼发展到四旋翼、六旋翼、八旋翼，甚至到更多旋翼。人们将相机和云台安装在无人机上，无人机所携带的不同拍摄器材都有着各自的表达方式和视觉呈现。随着人工智能技术的发展，新面市的无人机更加智能化，操控起来更加精准、便捷。同时，无人机技术和航拍设备的不断更新，飞控硬件、软件的一次次升级，使无人机技术更加成熟，也让无人机被更广泛地应用于摄影领域。摄影师可以根据需求远距离遥控无人机进行拍摄，而不需要再乘坐飞机或热气球飞到高空拍摄，这也给航拍带来了很大的安全性和便利性。航拍可以完成人们在地面无法完成的拍摄工作，所以被广泛运用于广告、勘探、救援等领域。可以说，随着科技发展，无人机可以给越来越多的领域带来便利。

无人机航拍的魅力在于利用独特视角向人们展现处于人们周围但难以直接观察的场景与画面。无人机航拍技术相对于传统的航拍技术来说更为灵活与多变，既能适应复杂的地形、地貌环境，又可以根据拍摄需求调整视角，以技术赋能艺术创作，在带给受众更为多元的视觉体验的基础上引起受众的情感共鸣。

无人机航拍技术的发展与应用丰富了镜头语言、拓宽了拍摄场域、创新了画面的呈现方式与拍摄视角，更为航拍作品的创作带来了新的契机。用于航拍的载体通常有无人机、直升机、火箭等。由于航拍具有能够清晰表现地理形态的特性，因此常被人们用于军事活动、城市规划、地质勘探等。随着航拍技术的发展，航拍载体也在不断进行优化，从过去的热气球到如今的无人机。这也使得它在民用领域的推广普及成为可能，并被应用于影像艺术当中。同时，在需求层面上也发生着潜移默化的改变，从用于制作纪录片、电影，到现在用于广告宣传片、活动宣传等。无人机航拍的作品作为新时代的产物，给观者带来一种更加宏观、动感的视觉感受，相比于传统的视觉画面，更具有冲击力。此外，作为一种现代化的新型拍摄手段，它能到达一般传统拍摄设备难以达到的高度进行拍摄，这使观者能够从中获取焕然一新的视觉感受，也让观者更加全面生动地了解所摄对象。因此，无人机航拍成为人们创作表现的一种重要手段。

无人机航拍凭借自身的优势在各行各业都发挥着重要作用，有效地提高了工作人员的工作效率。它改变了传统的拍摄方式，提供新角度让人们去了解世界。无人机航拍的应用场景十分广泛，具有巨大的市场潜力。因而，学习和了解无人机的定义与发展以及无人机的飞行原理，分析无人机的飞行技术，研究无人机的航拍技术，探讨如何进行航拍作品的创作以及航拍的拓展应用，对于研究和促进无人机航拍技术的应用与发展具有重要意义和价值。

目录

第一关 探索无人机

导读

什么是无人机？无人机，也被称为无人驾驶飞机，是指利用无线电遥控设备和自备的程序控制装置操纵的不载人飞机。机上无驾驶舱，但安装有自动驾驶仪、程序控制装置等设备。地面、舰艇或母机遥控站上的工作人员通过雷达等设备，对其进行跟踪、定位、遥控、遥测和数字传输。

随着科学技术的发展，无人机作为高科技智能化产品，如今已在航拍、农业植保、测绘等领域大展拳脚。由于无人机具有操作简单、价格低廉的特点，越来越受到普通消费者的青睐。本关主要从无人机的定义入手，简述了无人机的分类与发展历史。随后，介绍了无人机的飞行原理以及与无人机相关的法律法规。让我们在学习和了解什么是无人机之后，能进一步了解无人机的基本原理，从而对无人机有一个全面的了解和认识，进而为深入学习无人机航拍技术建立良好的基础。

闯关说明

在进行本轮的学习之前，我们需要先思考下列问题；再通过完成闯关任务，找到答案，从而更全面地真正了解无人机。

(1)什么是无人机？无人机的种类有哪些？

(2)无人机的本质及最初的起源是什么？

(3)经过初步认识，你认为无人机的用途都有哪些？什么是无人机的稳定性？什么是无人机的操纵性？无人机的纵向操纵、方向操纵、横向操纵都是如何完成的？

(4)使用无人机我们需要了解哪些法律法规？

任务1 无人机的定义

无人机出现的一个世纪以来，随着信息技术的高速发展，无人机技术也发生了巨大的变化，从遥控飞行器(Remotely Piloted Vehicle，RPV)到无人飞行器(Unmanned Aircraft Vehicle，UAV)，再到无人驾驶飞行器系统(Unmanned Aircraft System，UAS)，无人机技术已经迈上了新的高度。

一、无人机

(一)定义分析

在无人机技术的漫长发展过程中，有关专家、学者从不同角度，对无人机的定义作了解释。以下是常见的几种定义：

无人机(Unmanned Aircraft，UA)，是由控制站管理(包括远程操纵或自主飞行)的航空器，也称远程驾驶航空器(Remotely Piloted Aircraft，RPA)。

无人机，是利用无线电遥控设备和自备的程序控制装置操纵的不载人飞机。

无人机是无人飞行器的简称，是一种通过无线遥控或内设的智能控件进行操控，利用机内嵌入式系统及配件，与远程信息平台构建完成数据链，从而完成信息实时交互的不载人飞行器。

无人机是利用无线遥控设备或者预先编写好的程序控制，能在实现自主或者半自主功能的同时，可重复使用的飞行器。

无人机指无人驾驶飞机，是通过无线电遥控设备，利用自备的程序控制装置来操控飞行的飞机。

无人机是无人驾驶航空器的简称，是一种通过远程操作遥控器指挥，让其自主飞行的航空器。

此外，还有把无人机称为空中机器人的。美国前国务卿、国际问题专家亨利·基辛格(Henry Kissinger)认为，机器人的本质就是机器。中国工程院院士、自动化和人工智能专家李德毅认为，未来汽车的三个功能将是感知、认知和行动，无人机既然是机器，就也要具备汽车的这三个功能。因此，无人机也叫空中机器人。

如果要给无人机下个定义的话,就需要从严格意义上对无人机作出解释:无人机是一种由无线电遥控设备和自备程序控制装置操纵的无人驾驶飞行器。但是从专业的角度上看,中国民用航空局飞行标准司的定义为,无人机是由控制站管理(包括远程操纵或自主飞行)的航空器,也称远程驾驶航空器。

(二)无人机的本质是遥控飞机

无人机源自20世纪初的军事领域。最初,由于电子技术还未完善,无人机不能进行太复杂的任务,只能被当作练习用的靶机。但在1945年后,美国开始大量使用无人机作为侦察机,无人机的技术也逐渐成熟。后来,在电子技术不断发展的背景下,21世纪初,美国在中东地区开始大量使用无人机执行攻击任务。例如,名为捕食者(Reaper)的无人机,就是美军目前的主力军用无人机。

但到目前为止,美军大量使用的无人机在执行攻击任务时,仍然需要由真正的空军机师操作,只是不需要机师亲身上战场而已。所以说最初的无人机是遥控飞机也不为过。由于当前的无人机技术还不能完全脱离人的控制,因此,无人机也是遥控飞机。

但遥控飞机并不都是无人机,如很多航模飞机并不属于无人机。有没有内部程序的控制,是判断是否为无人机的重要标准。①

(三)无人机与航模的区别

从广义上来说,无人机与航模的主要区别是能否进行无人操控的自主飞行。前者通过飞控系统控制飞机的姿态和机动,只需通过数据链与地面控制系统参数进行交互,即可实现自主飞行,并在一些军事、航测等应用场景中,可实现超远距离飞行。而后者比较初级,大都在视距内飞行,也几乎没有自动化的飞控系统。未来,无人机将作为空中载体和应用平台,探索出越来越多的应用场景和功能。

具体地讲,要知道无人机和航模的真正不同之处,就得从定义、飞控系统、结构、用途、安全管理等五个方面来梳理两者之间的区别。

---

①王毅,张恩正. 无人机飞行原理[M]. 成都:西南交通大学出版社,2022.

1. 定义方面

航模的定义是航空模型，要在不超过500米的视距内飞行，相对高度不超过120米。它是一种有尺寸限制、带有或不带有动力装置的不能载人的航空器。

无人机则是一种由无线电遥控设备和自备程序控制装置操纵的无人驾驶飞行器。它可以完全不用遥控器，而是通过计算机、地面站、地面电路来指挥，飞行高度可达几千千米，留空时间可达几十个小时。

2. 飞控系统方面

无人机与航模的区别在于是否安装导航飞控系统，能否按照预设程序实现自主飞行。通俗地说，无人机通过复杂的中央飞控系统，与地面控制系统参数进行交互，以控制飞机的姿态和机动，实现自主飞行。航模虽然也是无人驾驶，但它在操控手的视距范围内，由操控手遥控实现机动和姿态的调整。换言之，就是无人机本身带了“大脑”飞行，可能“大脑”受限于人工智能，没有人聪明；但航模的“大脑”，始终在地面的操纵人员手里。

3. 结构方面

无人机的结构要比航模复杂得多。航空模型由飞行平台、动力系统、视距内控系统等组成，主要是为了娱乐和观赏，追求的是外表的仿真或飞行姿态优雅等，科技含量不高。

无人机系统由飞行平台、动力系统、飞控导航系统、链路系统、任务系统、地面控制站等组成，主要是为了完成特定飞行任务，追求的是系统的任务完成能力，科技含量更高。

4. 用途方面

无人机多数用于执行超视距任务，最大任务半径可达上千千米，通过机载导航飞控系统自主飞行，由链路系统上传控制指令和下达任务信息。

航模通常在视距范围内飞行，控制半径小于500米，操纵人员目视飞机，通过手中的遥控发射器操控飞行，机上一般不会搭载执行任务的设备。

5. 安全管理方面

在我国，航空模型由国家体育总局下属的航空运动管理中心管理。民用无人机由国家民航局统一管理，军用无人机由军方统一管理。

(四)有着飞机外衣的机器人

大狗(Big Dog),是美国波士顿动力研究所研究出来的一款世界顶尖机器人,有4条活动自如的腿,体形与毛驴相当,可以在火海中奔跑自如,酷似《星球大战》中帝国军队使用的“步行者”战车,并能够携带辎重在崎岖不平的山路上行走30千米。

大狗能够做出这么复杂的动作,完成各种各样的任务,其核心就在于它有着强大的计算能力,能够自己计算出它的四条腿应该如何做出动作,而不需要人类每一步都进行控制。无人机之所以被称为无人机,其自备的程序也赋予了它类似的计算能力。

无人机与大狗相比,两者的科技含金量截然不同:机械狗需要处理更多的关节活动,程序算法更为复杂。尽管技术水平不同,但两者也有相似之处:它们的核心技术,都是自动化的机器人。换句话说:机器人加四条腿,就是机械狗;机器人加个轮子,就是平衡车;机器人加个汽车外壳,就是无人驾驶汽车;机器人加个航模,就是无人机。

英文单词“Drone”,在无人机流行之前一般被译为“机器人”。在漫威电影《钢铁侠2》最后一段,与钢铁侠恶斗的机器人军团,其名字就是锤子机械兵团(Hammer Drones)。

二、无人机相关名词解释

无人驾驶航空器,包括无人机和航模航空器。

无人机系统(Unmanned Aircraft System,UAS),也称远程驾驶航空器系统(Remotely Piloted Aircraft Systems,RPAS),是指由无人机、相关控制站、所需的指令与控制数据链路,以及批准的型号设计规定的任何其他部件组成的系统。

控制站,也称遥控站、地面站,它是无人机系统的组成部分,包括用于操纵无人机的设备。

指令与控制数据链路(Command and Control Data Link,C2),指无人机和控制站之间为实现飞行管理目的而形成的数据链接。

无人机云系统(简称“无人机云”),指轻小型民用无人机运行动态数据库系统,用于向无人机用户提供航行服务、气象服务等,并对民用无人机运行数据(包括运营信息、位置、高度和速度等)进行实时监测。接入系统的无人机,应即时上传飞行数据,无人机云系统对侵入电子围栏的无人机具有报警功能。

运营人,指从事或拟从事航空器运营的个人、组织或者企业。

主动反馈系统,指运营人主动将航空器的运行信息发送给监视系统。

被动反馈系统,指利用雷达、广播式自动相关监视设备(ADS-B)、北斗系统等手段,从地面对航空器进行监视的系统,该反馈信息不经过运营人。

无人机系统驾驶员,指由运营人指派的对无人机的运行负有责任,并在飞行期间适时操纵无人机的人员。

无人机系统的机长,指在系统运行时间内,负责整个无人机系统运行和安全的驾驶员。

无人机观测员,指由运营人指定的训练有素、通过目视观测无人机、协助无人机驾驶员实施安全飞行的人员。

视距内运行(Visual Line of Sight,VLOS),是无人机驾驶员或无人机观测员与无人机保持直接视觉接触的操作方式,指的是航空器处于驾驶员或观测员视距半径500米内、相对高度低于120米区域内的运行状态。

超视距运行(Beyond VLOS,BVLOS),指无人机在视距以外的运行状态。

融合空域,指有其他航空器同时运行的空域。

隔离空域,指专门分配给无人机系统运行的空域,通过限制其他航空器的进入以规避碰撞风险。

人口稠密区,指城镇、村庄、繁忙的道路或大型露天集会场所等区域。

重点地区,指军事重地、核电站和行政中心等关乎国家安全的区域及周边,或者由地方政府临时划设的区域。

机场净空区,也称机场净空保护区域,指为保护航空器起飞、飞行和降落安全,根据民用机场净空障碍物限制图要求划定的空间范围。

空机重量,指不包含载荷和燃料的无人机重量,该重量包含无人机的燃料容器和电池等固体装置。

电子围栏,指为阻挡未经批准而侵入特定区域的航空器,在相应电子地理范围中划出特定区域，并配合飞行控制系统，保障区域安全的软硬件系统。

反无人机系统，是指利用技术手段对无人机进行监测、干扰、诱骗、控制、摧毁的一种装置。当今，反无人机技术手段主要有激光炮、信号干扰、信号欺骗、声波干扰、黑客技术、无线电控制等。

三、无人机的特点

(一)无人机的一般特点

无人机的用途广泛、成本低、无人员伤亡风险、机动性能好、使用方便，因此在现代战争中有极其重要的作用，在民用领域更有广阔的前景。具体而言，无人机主要有以下六个方面的特点。

1. 良好的飞行能力

轻型无人机和微型无人机体积小、重量轻，便于携带，可以随时起降，飞行高度可至1 000米以上，在大风、大雨的恶劣天气下也能正常飞行，不受地理环境和天气条件的限制，并能装载一定重量的物品。

2. 智能化程度高

随着科学技术的不断发展，无人机系统的智能化程度越来越高。现在的轻、微型无人机携带卫星定位系统、高清摄像头、自航仪、电子地图等软、硬件，可以通过遥控操作飞行、半自主飞行和按照设定航线自主飞行，而且还能通过无线通信系统，将拍摄到的信息传回终端设备，具有双向通信能力。

3. 操作简单

轻型无人机运行费用比较低，维护和修理各部件简单，对飞行场地要求不高，可以在很小的地方起降。控制无人机的“飞手”经过短时间的培训，就可以执行各项操作。

4. 执行任务范围广

无人机既可作军用，又可作警用、民用。军用无人机体积小、隐蔽性好，具有很强的应用优势。军用无人机可代替有人飞机在空中执行高危、高难、高技术任务，已经成为军事航天领域的重要组成部分，直接影响到军事作战指挥和实战取得的成效。警用无人机则是维护公共安全的锐器，无人机上面安装的武器，可以直接处置敌对势力和犯罪分子，避免和减少人员伤亡。民用无人机广泛用于航拍、农林、物流、电力、城市规划、水利监测等各个领域。轻型无人机可以在人们无法到达的地方执行特殊任务。

5. 可实时传递信息

无人机在应用于侦察破案的过程中，可以垂直升降、高清拍摄歹徒的动态和现场环境，并及时传回指挥平台。现场指挥者可以根据实际情况进行部署，精准引导民警抓获案犯。此外，无人机运用在大型活动、应急救援、区域监控等诸多行动中，均可把目标现场的真实信息传送到指挥中心，服务于领导决策。

6. 价格低廉

无人机的品牌有很多，消费级的无人机价格便宜，即使用于侦察破案的无人机，一般价格也只有万元左右，县级公安机关及基层派出所等，都能在日常办案中配备。

（二）无人机的优势

与有人飞机相比，无人机具有以下六个方面的优势。

一是无人机上没有驾驶员，无须配备生命保障系统，简化了系统，减轻了重量，降低了成本。

二是无人机在执行危险任务时，不会危及机上人员安全，更适合执行危险性高的任务。

三是没有驾驶员的无人机，可以适应更激烈的机动飞行和更加恶劣的飞行环境，留空时间也不会受到人所固有的生理条件的限制。

四是无人机在制造、使用和维护方面的技术门槛与成本相对更低。在制造方面，不仅放宽了冗余性、可靠性指标，还放宽了机身材料、过载、耐久等要求。在使用方面，操作相对简单，训练更易上手，且可用模拟器代替真机进行训练，延长了真机的实际使用寿命。另外，维护相对简单，维护成本低。

五是无人机对环境要求较低，包括起降环境、飞行环境和地面保障等。

六是无人机相对重量轻、体积小、结构简单，应用领域广泛。

任务2 无人机的分类

无人机涉及传感器技术、通信技术、信息处理技术、智能控制技术以及航空动力推进技术等，是信息时代高科技的产物。无人机的价值在于形成空中平台，结合其他部件扩展应用，替代人类完成空中作业。

近年来，国内外无人机相关技术飞速发展，无人机系统种类繁多，用途广泛，特点鲜明，使得其在尺寸、质量、航程、航时、飞行高度、飞行速度、性能、任务等多个方面都有较大差异。由于无人机的类型多样，出于不同的考量，会有不同的分类方法，且相互交叉、边界模糊，故较难准确分类。本书从无人机飞行平台构型、用途、尺度、活动半径、任务高度等方面对无人机进行如下分类。

一、按飞行平台构型分类

按飞行平台构型分类，无人机可以分为固定翼无人机、旋翼无人机、无人飞艇、伞翼无人机、扑翼无人机等。

（一）固定翼无人机

固定翼无人机（如图1所示）是由动力装置产生推力、固定的机翼产生升力，在大气层内运行的航空器。机体结构通常包括机翼、机身、起落架、尾翼、发动机等。它依靠发动机螺旋桨进行动力滑跑或弹射方式起飞，飞行高度高、速度快，适用于大范围航拍、长距离高速勘测等。

图1 固定翼无人机

(二)旋翼无人机

旋翼无人机(如图2所示)又称旋翼航空器,类型很多,分类方法也有很多种,这里介绍两种分类方法。

图2　旋翼无人机

第一,按起飞重量分类:①微型旋翼无人机。微型旋翼无人机的空机质量小于或等于7千克,多数的多轴无人飞行器属于这个级别。②轻型旋翼无人机。轻型旋翼无人机的空机质量大于7千克,但小于或等于116千克,如FH-1共轴式无人直升机。③小型旋翼无人机。小型旋翼无人机的空机质量大于116千克,小于或等于5 700千克,如RQ-8A火力侦察兵无人机。④大型旋翼无人机。大型旋翼无人机的空机质量大于5 700千克。目前这个级别的无人机还没有实用的系统。

第二,按结构形式分类:①单旋翼带尾桨式无人直升机。该机装有一个旋翼和一个尾桨。旋翼的反作用力矩,由尾桨拉力相对于直升机重心所构成的偏转力矩来平衡。虽然尾桨会消耗一部分功率,但这种结构形式构造简单、操纵灵便,应用极为广泛。②双旋翼共轴式无人直升机。该机在同一转轴上装有两个旋转方向相反的旋翼,其反作用力矩相互平衡。它的特点是外廓尺寸小、气动效率高,但操纵机构较为复杂。③多轴无人飞行器。该机是一种具有两个以上旋翼轴的无人旋翼航空器。它由每个轴末端的电动机转动带动旋翼,从而产生上升动力。旋翼的总矩固定,不像直升机那样可变。通过改变不同旋翼之间的相对速度,可以改变推进力和扭矩,从而控制飞行器的运行轨迹等。④其他类型。旋翼无人机的其他类型包括自转旋翼无人机、变模态旋翼无人机、复合旋翼无人机等。[①]

(三)无人飞艇

飞艇是人类文明史上最古老的航空器。美国联邦航空局编制的飞艇设计准则,把飞艇定义为“一种由发动机驱动的、轻于空气的、可以操纵的航空器”。这个定义明确了飞艇是航空器,并区分了飞艇与气球等依赖于气体浮力升空的浮空器。

无人飞艇(如图3所示)有不少种类。按结构来分类,无人飞艇可分为三种:一是软式飞艇;二是硬式飞艇;三是半硬式飞艇。软式飞艇气囊的外形是靠充入主气囊内浮升气体的压力保持的,因而这类飞艇也叫压力飞艇。硬式飞艇具有一个完整的金属结构,并由金属结构保持主气囊的外形,浮升气体充入构架内的几十个或更多的相互独立的小气囊内,以产生飞艇所需的浮升力。半硬式飞艇基本上属于压力飞艇,虽然以金属或碳纤维龙骨做支撑构架,但其气囊外形仍需要靠浮升气体的压力来保持。

图3　无人飞艇

按填充气体来分类,无人飞艇的种类有氢气飞艇、氦气飞艇和热气飞艇。世界上早期的飞艇(习惯上把1939年前的飞艇称作早期飞艇)都是氢气飞艇,但由于氢气具有易燃、易爆的特性,自1937年德国“兴登堡”号飞艇发生爆炸事故以后,世界各国都禁止使用氢气作为填充气体。现代飞艇以氦气飞艇居多。

①姜晨光. 走近无人机[M]. 北京:化学工业出版社,2021.

(四)伞翼无人机

伞翼无人机(如图4所示),顾名思义,是以伞翼作为动力而飞行的无人机,近年来得到了很大发展。伞翼无人机的制造是:冲压翼伞通过翼伞操纵绳与结构舱体连接,翼伞操纵绳控制器通过翼伞操纵绳与冲压翼伞相连,结构舱体的左右两侧均安装有翼伞操纵绳控制器,结构舱体的前后两端分别装有发动机,发动机的输出端连接螺旋桨,减震起落架安装在结构舱体的底部。操纵系统包括地面控制站以及置于结构舱体内部的接收器。地面控制站传输控制指令,接收机接收地面控制站的控制指令,分别控制翼伞操纵绳控制器及发动机控制器,实现伞翼无人机控制飞行及发动机的点火、熄火动作。该技术能有效地消除空中某个发动机发生故障而造成的动力缺失问题,构建了一套安全可靠的伞翼无人机飞行系统。

图4　伞翼无人机

与固定翼无人机相比,伞翼无人机由于将伞翼作为升力面,因而具有体积小、载荷大、续航时间长、起降距离短、自身稳定、控制简单、雷达反射面积小等优点。可见,在当前条件下,为满足低成本、大载荷、长航时、野外起降等需求,伞翼无人机应该是一种优选的无人飞行器。伞翼机的不足之处是飞行速度慢,且易受气流影响。

（五）扑翼无人机

扑翼无人机，即扑翼飞行器（如图5所示），是指像鸟一样通过机翼主动运动产生升力和前行力的飞行器，又称振翼机。其特征是：机翼主动运动；以机翼拍打空气产生的作用力作为升力及前行力；通过机翼及尾翼的位置改变来进行机动飞行。

图5 扑翼无人机

人类的飞行梦就是从扑翼飞行器开始，由固定翼飞行器初步实现的。目前，固定翼飞行器已经可以将人类送上蓝天，但扑翼梦还未实现。因为扑翼空气动力学还未成熟，无法指导飞行器设计；材料要求特别高，不仅要质量轻，而且要强度大；扑翼机结构复杂。但是，扑翼无人机一旦研制成功，将具有诸多优点：无须跑道，垂直起落；动力系统和控制系统合为一体；机械效率高于固定翼飞机。其局限是难以高速化、大型化。

二、按用途分类

按用途分类，无人机可分为军用无人机和民用无人机。近年来，随着公安机关使用无人机维护公共安全的进程加快，警用无人机又从民用无人机中脱颖而出。目前，按用途可将无人机分为军用、警用、民用三类。

（一）军用无人机

军用无人机是由遥控设备或自备程序控制操纵的不载人飞机。

军事是无人机的主要应用领域，军用无人机占比超过70%。军用无人机具有用途多、生存能力强、作战环境要求低等优点，是信息战和网络中心战的重要装备。军用无人机是高性能信息化武器，是现代信息技术发展成果在军事方面的重要体现。无人机在军事领域的成功应用，也揭开了以智能化远程攻击武器为主导的非接触战争的新篇章。

自20世纪70年代以来，军用无人机越来越频繁地出现在局部战争中，无人机的发展也被越来越多的国家置于重要的地位。世界范围内，美国与以色列的无人机发展相对领先，西欧发达国家和一些发展中国家也有相应的进展。目前，全球军用无人机已经有两百多种型号，其典型用途包括模拟飞行器、情报侦察、军事打击、信息对抗、通信中继、空中预警等。未来战争中，军用无人机的使用将会更加广泛。

目前，军用无人机主要指的是无人侦察机和无人战斗机两种。

1. 无人侦察机

无人侦察机几乎不受天气和昼夜的影响，无论是白天还是晚上，都能潜入目标（天空、水下）附近进行侦察，为军队的作战指挥中心提供准确的目标信息，让军队及时掌握战场的情况，制订作战计划。无人侦察机门类齐全、种类繁多，如著名的美国“全球鹰”“捕食者”无人侦察机等。

2. 无人战斗机

无人战斗机是指携带有导弹或激光武器的无人作战飞机，其主要任务是攻击、拦截地面和空中目标。与传统有人驾驶的战斗机相比，无人战斗机具有成本低、维护少、无飞行员、没有与人相关的安全性要求等特点。所以，无人战斗机可以在不牺牲人员的情况下，完成高风险任务，进行精确打击。

（二）警用无人机

警用无人机是警用无人驾驶飞机的简称，是警方、保安组织执行多种任务的专用无人机。它以无人机飞行平台为载体，通过负载相关任务模块，精准执行侦察、处置、打击等警务工作。警用无人机是警方的专业警用装备，在当前警察系统中有着十分广泛的应用，已经成为公安部门七大警种、二十三项警务工作经常采用的技术手段。

公安机关借助于无人机的独特优势，将其广泛应用于反恐除暴、侦察缉捕、紧急救援、禁毒铲毒、治安巡逻、交通监管、大型活动安保、突发事件应急处置等方面，节省了大量警力、财力，减少、避免了人员伤亡风险，取得了显著成效。

警用无人机一般为多轴无人机，对飞行器的稳定性、云台精度的要求较高，需要摄影设备具有一定的变焦功能，可以在远处实现悬停，并在对焦后能够清晰地拍摄车牌号、人脸等局部细节，同时，也需要较长的续航时间。

（三）民用无人机

随着无人机研发技术的逐渐成熟，其制造成本大幅降低，无人机在各个领域得到了广泛应用。无人机+行业应用，是无人机真正的刚需；在航拍、农业、植保、微型自拍、快递运输、灾难救援、观察野生动物、监控传染病、测绘、新闻报道、电力巡航、救灾、影视拍摄等领域的应用，大大拓展了无人机本身的用途。

民用无人机按照其具体用途，又可分为植保无人机、气象无人机、勘探无人机以及测绘无人机等。植保无人机使用最广，主要用于农业大田作物（如小麦、棉花、玉米等）的病虫害防治（航空施药），以及化学除草、叶面施肥、森林病虫害防治、草原灭蝗等。使用航空施药可以及时、有效地控制大面积病虫害的发生，与地面喷雾相比，具有工作效率高、不受地形因素的限制、施药均匀且穿透性好等优点。同时，施药时人机分离，能够降低药剂对人的影响，飞机产生的下旋气流可有效减少药剂的漂移，减少对环境的影响。民用无人机多使用多轴无人机，其重量轻、载重小、续航时间较短。

三、按尺度（重量）分类

无人机的尺度有大小、轻重之分。按尺度（重量）分类，无人机可分为微型无人机、轻型无人机、小型无人机、大型无人机四种。

微型无人机是指空机质量小于或等于7千克的无人机。

轻型无人机是指空机质量大于7千克，但小于或等于116千克的无人机，且全马力平飞中，校正空速小于100千米/时，升限小于3 000米。

小型无人机是指空机质量大于116千克，但小于或等于5 700千克的无人机，微型和轻型无人机除外。

大型无人机是指空机质量大于5 700千克的无人机。

四、按活动半径分类

不同型号的无人机，其活动范围不一样。按活动半径分类，无人机可分为超近程无人机、近程无人机、短程无人机、中程无人机和远程无人机五种。

超近程无人机的活动半径在15千米以内。

近程无人机的活动半径为15～50千米。

短程无人机的活动半径为50～200千米。

中程无人机的活动半径为200～800千米。

远程无人机的活动半径大于800千米。

五、按任务高度分类

无人机驾驶员使用无人机完成的任务不同，需要达到的飞行高度也就不同。按任务高度分类，无人机可以分为超低空无人机、低空无人机、中空无人机、高空无人机和超高空无人机。

超低空无人机的任务高度一般为100米以下。

低空无人机的任务高度一般为100～1 000米。

中空无人机的任务高度一般为1 000～7 000米。

高空无人机的任务高度一般为7 000～18 000米。

超高空无人机的任务高度一般大于18 000米。

六、按技术特征分类

不同类型的无人机，有不同的技术特征。按技术特征分类，无人机有固定翼无人机、多旋翼无人机、无人直升机和特殊构型的无人机等。

(一)固定翼无人机

固定翼无人机是多数军用和专业级应用的选择机型，由于机体结构的关系，高巡航速度、长航时与长航程是其最突出的特点，其飞行速度多在120千米/时以上，飞行距离可超100千米，续航时间为1～3小时。它通常采用滑跑或轨道弹射方式起飞，着陆通常采用滑跑或者伞降方式。

固定翼无人机在巡航速度、续航时间等方面都明显优于多旋翼无人机，但对起降场地的要求较高，应用场景不广。同时，由于固定翼无人机无法在空中悬停，仅能在特定区域内不断盘旋，因此应用在需要定点监测的场景。

(二)多旋翼无人机

多旋翼无人机具有体积小、重量轻、成本低等优点。得益于飞控系统、无刷电机、电子调速器等关键元素的迅猛发展，电动多旋翼无人机的操控简单,机身姿态控制平稳,拥有自动驾驶功能。同时,其垂直起降方式对于起降场地的要求不高,在复杂城市环境下的作业效果较好。

多旋翼无人机的机型结构,使其对各个旋翼的控制需要高速响应与高精度控制,无刷电机和电子调速器是关键,故大多数多旋翼无人机均采用锂电池作为动力来源。受制于锂电池能量密度有限的特点,大部分多旋翼无人机续航的时间小于1小时,飞行速度较慢,飞行半径较小。

常见多旋翼无人机有四旋翼无人机、六旋翼无人机、八旋翼无人机等。四旋翼无人机在体积、质量、便携性等方面具有优势,但其安全冗余度较低,一旦其中一个旋翼的电机出现问题,无人机就会坠落。而六旋翼、八旋翼无人机拥有一定的安全冗余度,即便有一个旋翼停桨,其余旋翼可以配平动力,使得在紧急状况下仍然能保证飞行安全。

另外,多旋翼无人机还有共轴双桨机型,兼顾了四旋翼机型的便携性,又在一定程度上满足升重比、控制性能和安全冗余的需求。

(三)无人直升机

根据平衡旋翼反扭矩(与驱动旋翼旋转等量但方向相反的扭矩,即反作用扭矩)的方式,无人直升机可分为单旋翼和多旋翼两大类。

常见的无人直升机多为单旋翼带尾桨式,其结构简单,气动、平衡、操纵稳定性以及操纵问题较易解决。在续航时间、负载能力和巡航速度等指标上,略好于多旋翼无人机。但此类机型需要尾桨来平衡主旋翼的反扭矩;若尾桨失效,则整机安全受到威胁。

(四)特殊构型的无人机

特殊构型的无人机有复合翼无人机、回转旋翼无人机、扑翼无人机等。为了兼顾旋翼的垂直起降和固定翼的续航优势,近年来许多民用无人机企业开始着手研制这类特殊构型的无人机。

七、按应用领域分类

按应用领域分类,无人机可以分为消费级、专业级(行业级)和军事级三大类。

(一)消费级无人机

消费级无人机一般面向终端消费者,售价较低,价格在数千元至万元人民币之间,大多数消费级无人机以航拍为主要应用场景。消费级无人机更注重用户使用过程中的娱乐体验。例如,法国Parrot公司的Bebop系列无人机以轻便著称,可使用手机进行短距离操控。而零度智控的Dobby口袋无人机,则在此基础上主推定位小巧机身、掌上起降、一键自拍等功能,满足了消费者的个性化需求。

(二)专业级无人机

专业级无人机又称为行业级无人机,用于工业、农业、服务业、运输业等领域,售价在数万元至数千万元之间,主要作用为提高各行业中的作业效率、降低作业成本,现在已经广泛应用于气象监测、土地测绘、环境保护、应急监控、电力巡检、快递运输等领域。专业级无人机根据不同行业的需求,机型选择及性能侧重点有所不同,但在总体上,它对稳定性、可靠性、耐久性与续航的要求都比较高。

(三)军事级无人机

军事级无人机是用于军队的侦察、监视、打击等军事行动的武器装备,其技术含量比消费级、行业级无人机都高。它的最大优势在于能避免人员伤亡。

八、综合分级、分类、分型

2018年1月26日,国务院、中央军委空中交通管制委员会办公室起草的《无人驾驶航空器飞行管理暂行条例(征求意见稿)》第二章,将无人机分为两级、三类、五型。

两级,按执行任务性质,将无人机分为国家和民用两级。民用级无人机指用于民用航空活动的无人机;国家级无人机指用于民用航空活动之外的无人机,包括用于执行军事、海关、警察等飞行任务的无人机。

三类,按飞行管理方式,将民用无人机分为开放类、有条件开放类、管控类。

五型,按飞行安全风险,以重量为主要指标,结合高度、速度、无线电发射功率、空域保持能力等性能指标，将民用无人机分为微型、轻型、小型、中型、大型。具体如表1所示。

表1 民用无人机分类

按重量分类 性能指标	微型	轻型	小型	中型	大型
空机重量	小于0.35千克	不超过4千克	不超过15千克	不超过15千克	无规定
起飞重量	无规定	不超过7千克	不超过25千克	超过25千克，不超过150千克	超过150千克
飞行高度	50米以下	120米以下	飞行计划批准	飞行计划批准	飞行计划批准
公安机关备案	无须	需要	需要	需要	需要
第三者责任险	无须	商业活动需要	需要	需要	需要
驾驶员	无规定	年满14周岁，未满12周岁需成人监护	年满16周岁	年满18周岁	年满18周岁
驾驶执照	无规定	超出适飞空域飞行需要理论培训合格证	安全操作执照	安全操作执照	安全操作执照
飞行计划	无须	无须	需要	需要	需要
监管平台实时报送动态信息	无须	需要	需要	需要	需要
备注	微型无人机在禁止飞行空域外飞行，无须申请飞行计划。轻型、植保无人机在相应适飞空域飞行，无须申请飞行计划				

任务3 无人机的发展历史

一、概述

无人机的出现可以追溯到1914年。1914年，英国的两位将军提出了研制一种使用无线电操纵的小型无人驾驶飞机用来空投炸弹的建议，得到认可后开始研制。1915年10月，德国西门子公司成功研制了采用伺服控制装置和指令制导的滑翔炸弹。1916年9月12日，第一架无线电操纵的无人驾驶飞机在美国试飞。1917—1918年，英国与德国先后成功研制出无人遥控飞机。随后，无人机被逐步应用于靶机、侦察、情报收集、跟踪、通信和诱饵等军事任务中。

20世纪末，军用无人机的发展进入一个新时代，并先后形成三次发展浪潮。第一次是海湾战争后，以发展师级战术无人机系统为标志；第二次是波黑科索沃战争后期，以1993年美国发展中高空、长航时无人机系统为标志；第三次是20世纪末期，以发展旅团级固定翼和旋翼战术无人机为标志。21世纪以来，军用无人机被用来“定点清除”敌对目标。

我国的无人机研制始于20世纪60年代，最早也是用于军事。尽管我国无人机产业起步晚，但发展速度快，其技术已跻身世界前列。

无人机产业是一个新兴的高科技产业，从研发、制造到使用、管理、服务，涉及诸多领域，并且可以广泛用于军事、民间及科学研究。无论是技术还是市场，军用无人机都始终占据最重要的位置。根据Drone Industry Insights发布的数据，2018—2019年全球军用无人机市场规模占比均超过65%，发展较为稳定；2019年全球军用无人机市场规模为259亿美元，其中军用无人机市场规模达169亿美元，接近民用无人机市场规模的两倍。美国军用无人机位居全球前列，处于第一梯队，市场占有率接近一半。我国无人机发展同样开始于军用领域，2014年，我国无人机行业贡献度主要以军用无人机为主，贡献率高达90%。但截止到目前，由于民用无人机发展迅速，我国无人机领域的市场结构以民用为主，占比超过70%。军用无人机仅占比不到30%，主要是因为我国民用无人机体量大，导致基数大，使得军用无人机占比低。与军用无人机的百年历史相比，民用无人机就显得比较年轻，技术要求也低，更注重经济性。军用无人机技术的民用化，降低了民用无人机的市场进入门槛和研发成本，使得民用无人机得以快速发展。目前，民用无人机已广泛应用于航拍、航测、农林植保、巡线巡检、防灾减灾、地质勘测、灾害监测和气象探测等领域，形成了一个新兴的无人机产业。

从全球范围来看，由于整机技术的发展以及产业链的成熟，民用无人机逐渐向小型化、低能耗方向发展，并且在航拍、娱乐等消费领域出现大规模应用，从而促进了消费级无人机市场的爆发。1990年全球民用无人机的销量为2.5万架，2000年已经超过4万架，2010年达到10万架以上。根据专注于新能源产业的互联网服务平台起点研究院(SPIR)的调研数据，2019年全球无人机销量约为680万架，比上年增长51.11%，2020年全球民用无人机出货量达到1 131.5万架。

二、发展历史

(一)人类的飞行梦

在古代，面对飞行的鸟儿和辽阔的天空，人们会幻想能像鸟一样自由自在地在天空中飞翔。进而提出疑问：人模仿鸟的某些动作，是否也能在天空中飞翔呢？

为了实现这个理想，我们的祖先创造了许多在空中飞行的神话和传说。这些神话和传说不仅十分美丽，而且具有丰富的想象力。如传说中，我们的祖先黄帝就是骑着龙到天上去做神仙的。征服洪水的大禹也曾经驾着龙到天空游玩。周穆王访问西王母的时候，曾经乘一辆“黄金碧玉之车”，腾云驾雾，以日行万里的速度奔向西方的昆仑山，而作为主人的西王母，则乘一辆更为华丽的“紫云车”。还有仙人王子乔骑的是白鹤；秦穆公的女婿是乘龙的萧史，女儿是跨凤的弄玉，他们都能在空中自由来去。至于《西游记》中那个大名鼎鼎的孙悟空，更是了不得，一个跟头就是十万八千里。至今保存在甘肃敦煌石窟里的壁画，也给我们留下许多美丽动人的“飞天”形象。[①]

(二)早期的飞行器

1. 人类中最早的飞行器

在美国华盛顿宇航博物馆的大厅里挂着一只中国风筝(如图6所示)，上面写着：“人类最早的飞行器是中国的风筝和火箭。”

①居里. 无人机[M]. 杭州：浙江出版集团数字传媒有限公司，2019.

图6　悬挂在美国华盛顿宇航博物馆的中国风筝

相传，风筝发明于我国春秋时期。史书记载汉朝初年就有制作风筝的，据说汉朝大将韩信就曾经利用风筝进行测量；唐朝的一位将军被围困时曾利用风筝传信求救兵，这足见我国古代人们对风筝的利用水平是很高的。唐朝时，更有人别出心裁地把竹笛系在风筝上，在空中发出像古筝一样的声音，从此得名“风筝”。

公元5世纪左右，中国风筝开始向世界流传，先是传到朝鲜、日本、马来西亚等国家，后来又传到欧洲和美洲等地。据传，1825年，英国有位叫乔治·波柯克的中学教员，为满足小女儿玛萨翱翔蓝天的愿望，制作了一只大风筝，并把玛萨绑在上面放飞，风筝上升到90多米的高度，不久安全落地。玛萨因此成为第一个利用风筝升空的人，但故事的真实性还有待考证。

风筝由中国传入欧洲，启发了不少航空爱好者。可以说，人类利用风筝的升空原理发明了现代载人飞行器。

而中国最早发明火箭的人已无从考证了。最初，火箭的雏形就是带火的飞箭，在箭杆前部绑有易燃物，点燃后用弓弩射出。火药发明后，借助火药燃烧产生的高温高压的推力，把箭喷射出去。

原始火箭由火药筒、箭杆、箭头和箭羽四个部分构成。其实，这已经是现代战斗机所使用的火箭弹的雏形了。火药筒可看成是固体火箭发动机，箭杆就是弹体，箭头就是战斗部，箭羽则是保证飞行稳定的尾翼。

2. 竹蜻蜓

在夏季大雨来临前，蜻蜓就会成群结队在空中穿梭。它们好像一架架直升机忽上忽下、忽快忽慢地飞行，时而抖动翅膀来一个180度的急转弯，时而在空中悬停，时而降落在尖尖的枝梢和花丛中，时而又飞得无影无踪。受蜻蜓的启发，聪明的古人便发明了一种流传至今的玩具——竹蜻蜓。

竹蜻蜓是中国民间古老的儿童玩具，其外形呈"T"字形，横的一片像螺旋桨，当中有一个小孔，其中插一根笔直的竹棍，用两手搓转这一根竹棍，竹蜻蜓便会旋转飞上天，当升力减弱时才落到地面(如图7所示)。在制作和玩耍竹蜻蜓的过程中，可以领略中国古老儿童玩具的趣味和科学技术的奥妙。

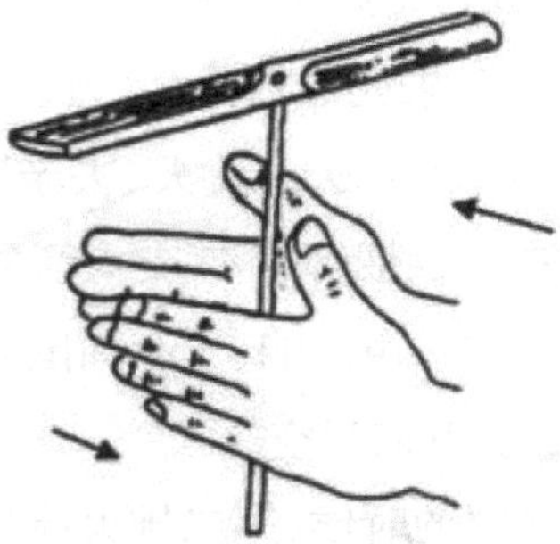

图7　竹蜻蜓

竹蜻蜓在18世纪被传到欧洲，启发了人们的思路，被誉为"航空之父"的英国人乔治·凯利一辈子都对竹蜻蜓着迷。他的第一航空研究就是在1796年仿制和改造了"竹蜻蜓"，并由此悟出螺旋桨的一些工作原理。他的研究推动了飞机研制的进程，并为西方设计师带来了研制直升机的灵感。20世纪30年代，德国人根据"竹蜻蜓"的形状和原理发明了直升机的螺旋桨。

3. 孔明灯

诸葛亮，字孔明，是中国历史上一位非常有名的人物，是三国时期的蜀汉丞相。诸葛亮是杰出的政治家和军事家，集忠、孝、义、谋于一身，可以说是公认的智慧之神的化身。人们对诸葛亮有很高的评价，"鞠躬尽瘁、死而后已"也成了无数仁人志士的座右铭。孔明灯，又名天灯，据传就是诸葛亮发明的，因此被称作孔明灯。

如今现代人放孔明灯多为祈福之用。男女老少亲手写下祝福的心愿，祈求丰收成功，幸福年年。现在人们所用的热气球，便是由孔明灯演变过来的。

（三）人类的第一架飞机

人类为了实现飞行的愿望，在漫长的岁月里，从创作神话传说寄托愿望，到实际制作飞行工具，再到初步形成飞行理论，付出了无数的精力和智慧，甚至生命，为最终实现飞行积累了知识和经验。

1. 人类历史上第一个“飞人”

在公元14世纪末的中国，即明朝洪武年间。有一位名叫陶成道的浙江金华人，熟读诗书，但不去投考功名，因为他不爱官位，爱科学。一次炼丹中发生了爆炸事件，引发了他研究火器的兴趣，经过不断的努力，试制出火器。后来，他成为明朝的开国功臣，朱元璋封他为“万户”。再后来，陶成道想利用两种具有巨大推力的东西，将人送上蓝天，去亲眼观察高空的景象。为此，他手持两个大风筝，坐在一辆捆绑着47支火箭的蛇形飞车上，命令仆人点燃第一排火箭。只听“轰”的一声巨响，飞车周围浓烟滚滚，烈焰翻腾。顷刻间，飞车已经离开地面，徐徐升向半空。

正当地面的人群发出欢呼的时候，第二排火箭自行点燃了。突然，横空一声爆响，悲剧发生了。只见蓝天上陶成道乘坐的飞车变成了一团火球，陶成道从燃烧着的飞车上跌落下来摔在地上，手中还紧紧握着两只着了火的巨大风筝。

后来，陶成道长眠在鲜花盛开的万家山。虽然，他没有成功飞上天空，但陶成道开创的飞天事业，得到了世界的公认。美国一位名叫詹姆斯·麦克唐纳的火箭专家，称陶成道为青年火箭专家，是人类第一位进行载人火箭飞行尝试的先驱。陶成道研制的蛇形飞车，也是人类史上了不起的发明。

为了纪念世界航天始祖陶成道，科学家将月球上的一座环形火山命名为“万户山”。

2. 滑翔飞行先驱

奥托·李林塔尔（Otto Lilienthal）是德国工程师和滑翔飞行家，世界航空先驱者之一。他最早设计和制造出实用的滑翔机，被人称为“滑翔机之父”。

奥托·李林塔尔1848年5月23日出生于德国的安克拉姆，他酷爱飞行，少年时曾搞过“飞人”实验。成年之后，他利用业余时间仔细观察飞鸟。为此，他专门创造了一个公式，用来计算鸟类飞行、滞空以及滑翔时所付出的体力大小。在7年的时间里，他制造出18种不同型号的滑翔机，并操纵这些滑翔机从屋顶或山坡上一次又一次地跳下来。虽然总是失败，但他却毫不气馁，从中积累了宝贵的经验。

1877年，他制造出一架略微拱起的机翼的滑翔机，这种机翼比扁平的机翼性能更好。

李林塔尔善于制造仪器进行航空实验，用来验证观察的结果。他研制的测试片状物体的升力和阻力的仪器、试验扑翼机升力的仪器，都是19世纪末具有代表性的航空研究仪器。

李林塔尔注意积累数据，总结经验，纠正了前人“多层叠置窄条翼”的片面做法，提出了“曲面机翼比平面机翼升力大”的观点，为飞机的发明作出了决定性的贡献。

李林塔尔的最主要贡献还是成功地实现滑翔飞行。1891年，他制成一架蝙蝠状的弓形翼滑翔机，成功地进行了滑翔飞行，从而肯定了曲面翼的合理性。在1893至1896年，李林塔尔进行了几千次滑翔飞行试验，屡次改进总体布局，滑翔中又拍了许多照片，积累了大量数据，给美、英、法等国的飞机制造者们提供了宝贵的资料。

1894年，李林塔尔从柏林附近的悬崖上起飞，成功地滑翔了350米远，这在当时是一个惊人的成绩。他将自己的成绩记录下来，使之成为航空史上最早的飞机性能记录之一。但是李林塔尔过于重视升力，而忽视了对飞机的操纵。他认为改变身体重心的位置是保持飞机稳定的唯一办法，这一失误对他来说是致命的。

1896年8月10日，李林塔尔在飞行中突然遇到迎面刮来的大风，他来不及将重心前移以使滑翔机保持稳定，最后和飞机一同坠落到了地面，不幸遇难。

德国人为了纪念李林塔尔的功绩，为他竖立了一座纪念碑，上面写着“最伟大的老师”。

李林塔尔从14岁开始便矢志飞行，为其整整奋斗了34年。他的著作，尤其是关于他滑翔飞行试验方面经验的使后人受益匪浅。

3. 人类历史上第一架飞机

1896年，美国的威尔伯·莱特(Wilbur Wright)和奥威尔·莱特(Orville Wright)两兄弟在报纸看到一条消息:德国的李林塔尔因驾驶滑翔机失事身亡。这个消息对他们震动很大，兄弟俩决定研究滑翔机。两兄弟一边干活挣钱，一边研究飞行资料。三年后，他们掌握了大量有关航空方面的知识，决定仿制一架滑翔机。

他们观察并记录了老鹰在空中飞行的动作，开始着手设计滑翔机。1900年10月，莱特兄弟制成了他们的第一架滑翔机，并把它带到十分偏僻的海边，海边风力较大，并且没有树木和房屋遮挡，非常适宜放飞滑翔机。于是，兄弟俩用了一个星期的时间，将滑翔机装好，并把它系上绳索，像风筝那样放飞，结果成功了。然后由威尔伯坐上去进行试验，虽然飞了起来，但只离地1米。第二年，兄弟俩在上次制作的基础上，经过多次改进，又制成了一架滑翔机，这架滑翔机能飞到180米之高。

兄弟俩并不满足于用风力当作飞行动力，他们把有关飞行的资料集中起来，反复研究不同动力的可能性，但始终得不到答案。直到有一天，他们家门前停了一辆汽车，司机向他们借一把工具用来修理汽车的发动机，至此两人茅塞顿开:能不能用汽车的发动机来推动飞行?

他们首先测算出滑翔机的最大运载能力是90千克，但当时市面上最轻的发动机都有190千克重，工厂当然无法为他们定制这么轻的发动机。后来，一名发动机工程师得知此事，答应帮助莱特兄弟。过了一段时间，这位工程师果然制造出一部12马力、重量只有70千克的汽油发动机。

经过无数次的试验，莱特兄弟把这个发动机安装在了滑翔机上，由发动机来推动螺旋桨旋转，带动滑翔机飞行。

1903年9月开始，莱特兄弟试飞由发动机带动的滑翔机，但或是因为螺旋桨故障，或是发动机出了毛病，或是驾驶技术的问题，试飞一直不成功。

在此期间，一位名叫兰莱的发明家，受美国政府的委托，制造了一架带有汽油发动机的飞机，但在试飞中坠入大海。莱特兄弟得知这个消息，便前去调查，并从兰莱的失败中吸取了教训，获得了很多经验，他们对飞机的每一部件进行了细致的检查,制定了严格的操作规定。

1903年12月14日,兄弟俩先在海边的地面上安置了两根固定在木头上的铁轨,并形成一定的斜度,好方便飞机滑行。接着,他们把制造的飞机放在铁轨上面。威尔伯上机后,伏卧在驾驶位上。随着发动机的开动,传出轰鸣的声音,螺旋桨也慢慢地转了起来。飞机在斜坡上刚滑行3米,就挣脱了系在后面的铁丝,呼啸着升到空中。

但不久飞机突然减慢速度,很快掉落在地上,整个飞行时间不到4分钟。兄弟俩左思右想,逐一检查:发动机没毛病,螺旋桨转动很好,技术操作也完全正确。他们突然发现,飞机是利用斜坡滑行的,只滑行3米,飞机便可以得到足够的起飞初速度,而此时螺旋桨的转速还没有上去,推力还不足够,所以很快就失速下坠。于是,他们改进滑道,把铁轨装在平整的地方,纯用螺旋桨的推力起飞提供初速度。

1903年12月17日,此次由奥维尔试飞,只见他登上飞机,伏卧在驾驶位上。飞机缓缓向前滑动,突然便拔地而起,很快升到3米多高,随即水平地向前飞去。飞机飞行了30米后,稳稳地着陆了。第一次试飞成功!45分钟后,威尔伯又飞了一次,飞行距离达到52米。又过了一段时间,奥维尔又一次飞行,这次飞行了59秒,距离达到255米。

这是人类历史上第一次驾驶飞机飞行成功,可报社不相信,拒不发布此消息。不久,兄弟俩又制造出能乘坐两个人的飞机,并且能在空中飞行一个多小时。消息传开后,人们奔走相告,美国政府非常重视,决定让莱特兄弟做一次试飞表演。

1908年9月10日,天气异常晴朗,飞行场地上站满了围观的人群。10点左右,弟弟奥维尔驾驶着他们的飞机,在一片欢呼声中,稳稳地飞向天空,两支长长的机翼从空中划过,恰似一只展翅飞翔的雄鹰。后来,莱特兄弟在政府的支持下,创办了一家飞行公司,同时开办了飞行学校。从这以后,飞机成为交通运输中又一项先进工具。

(四)无人机的前身

在莱特兄弟第一次真正意义上实现了人类的飞行梦之后的短短十年之间,人类让飞机完成了从尝试研制到量产,最后甚至应用到战争中的历程。

但由于早期飞机的技术不成熟，再加之战争的需要，使得有经验的飞行员一度成为各国重金追求的目标。因此，为了使飞机离开飞行员后照样可以在天空翱翔，人们开始思考飞机不载人飞行的可能。

无人驾驶飞机的诞生可以追溯到1914年。英国的两位将军卡德尔和皮切尔，向英国军事航空学会提出了一项建议：研制一种不用人驾驶，而用无线电操纵的小型飞机，使它能够飞到敌方阵地上空，使用遥控装置投下炸弹。这种很富创造力的设想得到了当时英国军方的支持。

1916年9月12日，世界上第一架无线电操纵的无人驾驶飞机在美国试飞。但由于种种操控问题，这架飞机并没有应用在实际战争之中。

到了1918年，第一台自动陀螺仪被发明出来，该装置可以实时反馈飞机的横滚、俯仰和航向角速率，同时将角速率反馈反向叠加在操控机构上，比如副翼、升降舵和方向舵上，帮助飞机自动实现平衡飞行。

1917年，皮特·库柏和埃尔默·A.斯佩里将这项技术成果成功应用。他将美国海军寇蒂斯N-9型教练机改造为无线电控制的无人机——斯佩里空中鱼雷号，该机是第一架实现自动平衡的无人机，这架飞机能搭载300磅（约合136千克）的炸弹飞行50英里，但它也未参与到实战中。

三、无人机的发展

到了20世纪20年代之后，飞机的动力、操控和飞行力学等技术逐步发展，老旧的技术和设计纷纷被淘汰，飞机的种类也逐渐变得繁多，无人机也借机得以更新换代。此时针对飞行器的应用，摆在人们面前的有两个关键问题，即导航和控制。

导航，也即“告诉飞机去哪儿，以及怎么去”。由于是不载人飞机，飞机必须搭载自动导航设备，而这些设备的工作便是细化预先的航线设置，并将任务分解给飞机的各个执行机构。例如，工程师希望无人机能够完成绕机场一周飞行的任务，此时飞机搭载的飞行电脑就会拟好飞行路线，然后在起飞爬升的时候告诉飞机仰角是多少，在转弯飞行时告诉飞机横滚角速率和航向角速率分别是多少，并在下降的时候提醒飞机在着陆之前需要从负仰角变成正仰角，等等。也就是说，离开飞行员的操纵，无人机的导航设备必须自动指导飞机飞行。

而20世纪初并没有如此智能的导航设备,第一代无人机导航系统便是惯性导航系统。惯性导航系统是以陀螺和加速度计为敏感器件的导航参数解算系统,该系统根据陀螺的输出建立导航坐标系,根据加速度计输出解算出运载体在导航坐标系中的速度和位置。早期用在飞机、无人机和导弹上的是机械式陀螺仪。

惯性导航是一种古老而又靠谱的导航方式,它是一种不依赖外部信息,也不向外部辐射能量(比如无线电)的自主式导航系统,可以工作在地面、空中甚至是水下。其基本工作原理是利用牛顿力学定律,通过测量无人机的加速度和角速度,再通过数学处理变成无人机在空中的速度、飞行角度和位置等信息。

简单说来,现代导航技术多依赖外界指导,如卫星导航(GPS等)、无线电导航等。而惯性导航完全依靠力学与数学的推算,从已知的初始点所测得的无人机的速度、方位等信息,通过坐标系变换和积分等运算来推算下一个点无人机的速度、方位。因此,人们可以利用之前的信息推算无人机目前的信息,也能依据目前的信息推测无人机未来的运动趋势,这就实现了导航中“导”之意义。

到了20世纪后半叶,无线电导航和卫星导航等现代导航方式被逐渐应用在无人机的导航系统上。一般说来,由于容易受信号阻碍或噪声干扰,无线电或者卫星导航只适用于大跨度导航,在短航时小范围内的定位与导航的精度波动较大,容易出现较大的误差;惯性导航由于系统本身封闭,短时短距离内的输出数据非常精准,而应用在长航时大范围时容易出现参数漂移,从而造成较大偏差。多种导航方式互有利弊,人们便将这些不同原理的导航方式融合,取长补短,取得了更好的效果。

关键问题之二便是控制。无人机比起载人飞机,需要更高水平的操控方式。早期的无线操控包含无线电遥控、超声波遥控以及红外线遥控等,而由于无线电传播范围广、编码灵活、抗干扰能力强,故无线电遥控成为无人机遥控运用最广泛的方式。

早在1898年,著名物理学家尼古拉·特斯拉在纽约麦迪逊广场向人们展示了他的发明——遥控无人船,这艘无人船在他手中遥控器的指挥下可以任意运动。事实上,特斯拉用的正是无线电遥控,他操控遥控器的电路装置,通过发送不同频率的无线电信号来调节无人船中的运行电路,从而实现马达调速和舵转向。

1909年,法国人发明了第一枚遥控鱼雷;20世纪20年代,船用遥控变速箱被发明;又过了10年,苏联红军在对芬兰的战争中装备了遥控坦克;1939年,英国开发并量产了“蜂后”式无线电遥控无人飞机,这架无人机在遥控设备的操纵下,能顺利返回至起飞点,这在当时是一个非常大的改进,因为之前的无人机无法返航导致无人机的利用率非常低。

自此,无线电遥控便成为操控无人机的主流方式。那么什么是无线电遥控呢?简单说来,无线电遥控系统包括无线电发射机、接收机和执行机构三个部分。

发射机主要包括编码电路和发射电路。编码电路由操纵器(操纵开关或电位器等)控制,操纵者通过操纵器,使编码电路产生所需要的控制指令。这些控制指令是具有某些特征的、相互间易于区分的电信号。例如,用频率为270Hz的正弦信号作为控制升降舵的指令,用频率为350Hz的正弦信号作为控制方向舵的指令,即不同频率的正弦信号代表不同的控制指令。除了可利用频率特征外,还可用正弦信号的幅度及相位特征,脉冲信号的幅度、宽度及相位特征以及编码组合特征等表示各种指令。编码电路产生的指令信号都是频率较低的电信号,无法直接传送到遥控目标上去,还要将指令信号送到发射电路,使它载在高频信号(载波)上,才能由发射天线发送出去。就如同用火车、飞机等运载工具运送货物一样,指令信号相当于货物,载波相当于运载工具。我们把指令信号载到载波上去的过程叫调制,由发射电路的调制器完成。发射电路的主要作用是产生载波,并由调制器将指令信号调制在载波上,经天线将调制好的载波发送出去。无线电遥控过程的简易示意图,如图8所示。

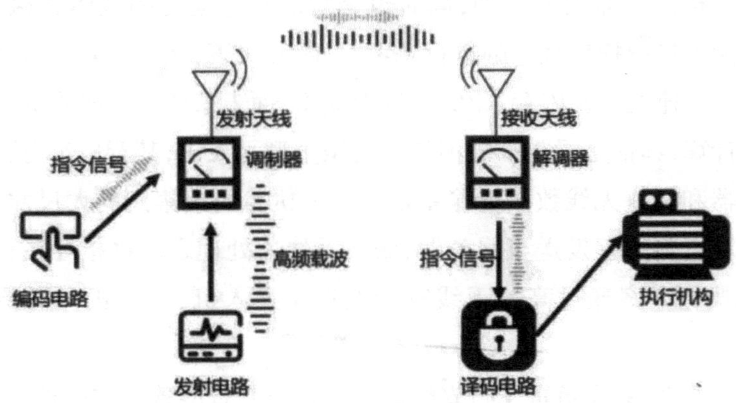

图8 无线电遥控过程的简易示意图

接收机由接收电路及译码电路组成。接收电路又包括高频部分及解调器部分。由接收天线送来的微弱信号经接收机高频部分的选择和放大后，送到解调器。就像火车、飞机等运载工具到站后，把货物卸下来的情况一样，解调器的作用是从载波上"卸"下指令信号。由于"卸"下来的各种指令信号是混杂在一起的，还要送到译码电路译码。译码电路的工作就像把卸下来的货物鉴别分类，再分别送到使用场地一样，它对各种指令信号进行鉴别，送到相应的执行放大电路。执行放大电路把指令信号放大到具有一定的功率，用以驱动执行机构。执行机构将电能转变为机械动作，如电机的转动、电磁铁的吸动等，带动被控的调节机构(如舵面)，从而实现对被控目标的控制。

到20世纪中叶，人们逐步解决了导航和控制这两个关键问题，自此无人机便进入了一个高速发展的时代。

四、无人机的未来发展展望

如今，无人机和其他机器人一样，已经开始逐步代替人类进行一些繁复和危险的工作。那么在未来，无人机将有怎样的发展呢?

(一)更智能

如今的无人机能帮你洒农药，能帮你送快递，能从上空给你拍照、录像。可能你觉得这已经很"智能"了，可在无人机的发展史里，洒药、送快递、拍照可能只是轻描淡写的一小段。

无人机是机器人的一种，同时也是智能程序运行的载体和执行机构。传统的无人机依托机载电脑进行思考、判断和决策，速度和效率取决于电脑芯片的运算速度以及内存、GPU的读取速度，而未来的无人机将极大程度地依靠云计算，哪怕是看起来弱不禁风的微小型无人机，其背后都有强大的网络服务器和高速无线数据传输系统。无人机将所搜集到的大尺寸、大容量的信息和资料远程发送至服务器，服务器快速处理之后将指导飞行的意见或其他执行方案通过高速无线宽带发送至无人机，无人机只需照章执行即可。

如此看来，只需负责飞行安全的无人机只是智能载体的一种，这样的思路同样可以运用在无人车、机器人或其他载具上。依靠强大的网络服务器和高速无线宽带，无人机在它所负责的那片空域中，基本能做到你想让它做到的。无人机、无人车等每一种机器人在它所负责的运动维度上可以高度自主地完成工作。

（二）更安全

无人机的安全性能分为主动安全和被动安全。主动安全指的是无人机通过主动探测周围环境，判断自身飞行处境，并能预知移动型障碍物的运动趋势，甚至能根据局部气候特征判断空域的气流强度与方向。这样，无人机就能提前决策飞行计划，进行合理绕行和规避。

主动安全需要更先进的传感器技术。对于现在的无人机来说，空中碰撞、航线干涉是实现主动安全需要解决的首要问题。用在民用无人机的现有成熟的主动传感器一般分为测距型和测速型，包括光流传感器、空速管、超声波或激光测距传感器、视觉传感器、气压计等，这些传感器通过判断障碍物的距离或者移动趋势，再通过测量自身的运动参数来评估碰撞风险。当我们解决大幅图像的实时处理问题以及高速无线宽带的带宽问题之后，未来的主动安全传感器将主要依靠视觉传感器，因为视觉最真实直观，对物体的外观信息还原度最高。无人机有多个视觉传感器，每个视觉传感器负责一个视角范围，再结合强大的处理器，无人机能借助这些视觉传感器进行环境的三维全景还原，届时，飞行员甚至可以在三维全息投影屏幕中进行飞行。

另外，系统安全也是主动安全的一个重要部分，在未来的无人机上，将会采用更加完善、更加系统的设计方案，保证动力系统和通信系统等的安全、稳定，并对关键系统进行冗余备份，这样即使有部分损坏，仍有备份进行救急。

无人机的被动安全在现阶段主要指的是对坠落风险的降低，民用无人机一般能飞到百米以上，军用无人机飞得更高。飞行器若出现动力失效或者电池损坏等致命故障，从如此高度坠落，无论是对无人机本身还是对地面的人、车、动物甚至是建筑，都具有相当大的危险。如今的无人机采用轻质材料和框架式吸能结构，在机体触地时，可通过结构和材料的变形来吸收下落的能量，从而保护飞控、电池等关键零部件。同时为了最大限度地减轻对地面人身财产的伤害，高端智能无人机会在完全失控之前尽快飞离人流密集场所，并在触地之前打开缓冲装置。

未来的无人机将从两个方面考虑被动安全问题，其一仍然是降低坠落风险。无人机将可能会被政策法规要求装上缓冲降落装置：较大型的无人机会装上降落伞、缓冲垫等物理缓冲装置；较小型的无人机会通过传感器配合程序算法，在下坠触地瞬间使用螺旋桨反推。其二则是抗信号干扰问题。未来的无人机无线传输链路主要包括指令端、云处理端和图像端，每一个信号端将使用独立的频率和独立的通信协议，所有信号传输均以最可靠的方式加密以防止同频干扰。甚至在条件允许的情况下，可以接入最新的移动网络，甚至其他介质的通信方式，如可见光无线通信。

（三）集群化

集群行为是一种生物的集体行为，最典型的例子是一群生物实体聚集在一起朝特定的方向行动，生物界中的昆虫、鸟类和鱼类都会出现集群行为。机器人的集群技术来自仿生学，正如飞机的诞生来源于鸟类飞行一样，无人机集群概念起源于蜂群。蜂群内部分工明确，个体之间存在着丰富的信息交流，社会行为比较丰满。

也就是说，群体行为就是若干自主性个体的集体运动的组合。用数学语言来讲，个体遵循简单的运动和逻辑规则，群体特征完全来自个体的自然组合，而无须任何领导或者核心指挥。

无论是自然界的生物，还是机器人或者无人机，集群化也有三个规则：个体跟随邻居的运动、个体靠近邻居的位置、个体避免与邻居碰撞。简单说来，就是排斥较近的、跟随适中的、吸引较远的。比如，鱼群遇到天敌鲨鱼会有秩序地集体逃走。有意思的是，远处的鱼并看不见鲨鱼，只是一味地跟随邻居的动作，这个集体逃走的动作是典型的集群化行为。对于单个无人机，它本身是能独立运行的系统，脱开集体也能单独飞行和执行任务；另外，单个无人机无须知道其他所有无人机的消息，只需要跟随或者服从于邻居。这样的话，复杂的任务就可以由这些不是特别高级、特别智能的无人机来协同完成了。

实现无人机集群，人们需要解决三个基本问题：其一是集群控制算法，这种算法不仅要保证多个飞行器之间能有效协同，而且不能限制飞行器的数量；其二是有非常顺畅的交互通信技术，集群的实现本质就是信息的共享，比较依赖通信网络；其三则是定位导航算法，很多任务需要阵型和编队，无人机个体不仅需要知道自己所在的绝对位置，更需要知晓与邻居之间的距离，为了避免碰撞干涉，更重要的是能高效地完成任务，无人机集群需要比现在更先进、更精准的定位导航技术。

任务4 无人机的飞行原理

一、无人机飞行环境

无人机主要在覆盖地球表面的大气中飞行，因此了解和掌握大气的基本知识，才能使无人机飞行得更加平稳。大气在地球引力作用下聚集在地球周围，其总质量的90%集中在离地球表面15千米的高度内。大气没有明显的上界，根据大气状态参数随高度变化的特点，将大气划分为对流层、平流层、中间层、热层和散逸层。

对流层是最低的一层，无人机主要在对流层中飞行，其温度随离地高度增加而降低。对流层高度随地球纬度、季节的不同而变化。赤道地区对流层的平均高度为18千米,中纬度地区约为11千米,而南北极地区对流层高度只有七八千米。

(一)大气状态方程

大气的状态参数主要包含压强P、温度T和密度ρ这三个参数。这三个参数就可以决定它的状态,它们之间的关系可以用气体状态方程表示:

$$P=\rho RT$$

式中,T为大气的绝对温度(单位:K),它和摄氏温度t(单位:℃)之间的换算关系为$T=t+273$℃,R为大气气体常数,其值为287.05J/(kg·K)。

大气的状态参数随飞行高度的变化而变化,它们不仅对作用在无人机上的空气动力的大小有影响,还会对无人机动力系统产生的推力大小造成影响。

(二)标准大气

从上面的描述可知,大气的物理参数随地理位置、地形、季节的不同而变化,为了便于对在不同地区制造的飞行器性能进行计算和比较,国际上建立了一个统一的标准,即国际标准大气。国际标准大气以北半球中纬度地区的大气物理参数的平均值为基础建立:假设空气是理想气体,满足状态方程,按照这个标准,各个不同高度上空气的压强、密度和温度便是一定的值,通常用国际标准大气(国际标准大气是以平均值加上一些假设制定的,因而各地的实际大气参数与国际标准大气之间会存在一定差别)来表示。

(三)大气的特性

大气主要有三种特性,即连续性、黏性和可压缩性。

连续性是为了方便实际研究而做出的一种假设。由于在大气中气体分子的间距远小于飞行器的尺寸,因此在一般情况下研究飞行器飞行时,往往可以忽略气体分子间的距离,即把气体看作连续的介质,这就是空气动力学研究中的连续性假设。

黏性是空气在流动过程中表现出的一种物理性质,是空气分子做不规则运动的结果。由于黏性的作用,空气流过物体表面时,最靠近物体表面的空气分子会附着在物体表面,导致这一层空气的流动速度很低,离物体表面越远,这种阻滞越小,空气的流速也会越大。远到一定距离后,空气的流动速度变得与自由流动时的速度一样大。同时,空气的黏性与温度有关,随着温度的升高,空气的黏性增加。

可压缩性是指当气体的压强改变时其密度和体积也会改变的性质。不同形态的物质可压缩性差异很大。当压强增大时,固体和液体的密度和体积基本保持不变,因此一般认为液体和固体是不可压缩的。当空气的压强增加时,其体积会减小,密度会增大,所以说气体是可压缩的。一般在研究低速飞行时,为了研究方便,可以不考虑空气可压缩性的影响。

二、无人机空气动力学原理

(一)相对飞行原理

相对飞行原理指的是,当无人机以某一速度在静止空气中做匀速直线飞行时,无人机与空气的相对运动规律和相互作用力,与无人机固定不动而让空气以同样大小和相反方向的速度流过无人机的情况是等效的。

根据相对运动原理,在研究无人机的空气动力特性时,可以利用风洞进行实验。可以使用风扇或其他方法产生稳定的气流,实验时把无人机模型放在风洞的实验段,让气流流过模型表面,进行吹风实验。这样不需要真实飞行就可以获得与实际在空气中以相同速度、姿态飞行时相近似的空气动力特性结果。

(二)连续性定理

对于不可压缩流来说,假如空气稳定、连续流过变截面管道,由于在流动时空气一直保持连续,则单位时间内流过同一个截面的质量就是恒定的。当流线变窄时,为了保持流量恒定,那么它的流速就会增加,以满足质量守恒原理,即流动速度与流过的截面面积成反比。

(三)伯努利定理

根据能量守恒定律,对于一定量物质,不论发生什么样的变化,其能量可以转换,但总能量始终保持不变。伯努利定理就是能量守恒定律在流体中的应用,是描述流体在流动的过程中流体压强和速度之间关系的流动规律。[①]

①吴道明,刘霞. 无人机操控技术[M]. 北京:机械工业出版社,2022.

对于空气来说，由于密度较小，一般不考虑其重力势能，所以低速运动的空气主要包含两种能量：一种是空气流动过程中，空气本身实际具有的压力，称为静压；另一种是由于空气运动而具有的动压。根据能量守恒定律，这两种能量之和应保持不变。那么空气在变截面管道中流动时，如果忽略可压缩性和温度变化的影响，截面面积大的地方，空气流速慢（动压小），静压大；截面面积小的地方，空气流速快（动压大），静压小，这就是不可压缩流体的伯努利定理。

三、无人机的升力与阻力

无人机在空气中飞行时，空气流过无人机表面产生空气动力。升力主要靠无人机机翼产生，用来平衡无人机的重力。无人机机翼、机身、尾翼以及不可收放的起落架在飞行中都会产生阻力，阻力靠无人机动力系统产生的拉力或推力来克服。

（一）无人机的翼型

无人机产生升力的主要部件就是机翼，而翼型是机翼的剖面，是构成机翼、尾翼的重要因素。翼型的选择对机翼的空气动力性会产生重大影响。在各种飞行状态和给定的升力下，机翼和尾翼的气动特性应当保证机翼有最小的阻力与必需的安定性和操纵性。

翼型一般前缘圆钝、后端尖锐，上表面拱起、下表面较平，跟一条鱼的侧面投影形状差不多。翼型的前端点叫前缘，后端点叫后缘，前后缘之间的连线叫作翼弦，翼弦与飞行方向或相对气流方向之间的夹角称为攻角（也叫迎角）。

（二）升力

如果想在翼型上产生空气动力，就必须使之与空气产生相对运动。当机翼有一个不大的迎角时，空气流过机翼，气流被机翼分成上下两股，通过机翼后在后缘汇合成一股。由于机翼的翼型上表面突出、下表面平坦，当气流流过上翼面时流动通道变窄，气流速度增大，压强降低，并低于前方气流大气压；气流流过下翼面时，由于翼型前端上扬，气流受到阻拦，且流动通道扩大，气流速度减小，压强增大，高于前方气流的大气压。此时，上下翼面形成的这个压力差就是机翼产生的升力。

机翼面积、相对速度、空气密度、机翼形状和飞行姿态等都会对升力的大小产生影响。升力用下式计算：

$$L=\frac{1}{2}C_L\rho v^2S$$

式中，S为机翼面积（m^2），机翼面积越大，升力越大。v为机翼相对空气的运动速度（m/s），速度越快，机翼产生的升力越大，而且速度对升力的影响是二次的。ρ为空气密度（kg/m^3），无人机飞行高度越低，机翼产生的升力越大。C_L为升力系数，无人机的升力系数主要与机翼翼型形状相关，与机翼的平面形状也有一定关系，同时取决于无人机飞行时机翼翼弦与相对气流速度矢量之间的夹角（迎角）的大小。

升力计算公式中的升力系数主要与翼型和迎角α有关。机翼翼型有对称和非对称翼型之分。对称翼型在迎角为零时不产生升力，要有一定的迎角才会产生升力；非对称翼型在迎角为零时也有升力产生，零升力迎角为负。在一定迎角范围内，随着迎角的增大，升力或升力系数会随之增大。当迎角增大到一个值（临界迎角α），气流就会从机翼最高点后开始分离，在翼面后半部产生旋涡，造成升力突然下降，阻力迅速增大，这种现象叫失速。

（三）阻力

无人机在空中飞行时，不仅机翼会产生阻力，其他部件也会产生阻力，按阻力产生的机理可分为摩擦阻力、压差阻力、诱导阻力和干扰阻力等。

1. 摩擦阻力

当两个物体相对滑动的时候，两个物体之间就会产生与运动方向相反的力，阻止两个物体的力就是摩擦阻力。当无人机在空气中飞行时，也会受到空气的摩擦阻力，它是由空气的黏性所造成的。

为减少摩擦阻力，一是要尽量减少无人机的浸润面积或无人机与空气的接触面积；二是把无人机的表面制作得尽量光滑。

2. 压差阻力

压差阻力是由于流过物体的气流在物体前后存在压力差导致的，物体前缘压力大，后缘压力小。压差阻力与物体的迎风面积有很大的关系。比如，一块平板平行于气流运动时产生的阻力小，垂直于气流运动时的阻力大。空气在平板前面产生的压力大，后面压力小，压差阻碍平板前进。

压差阻力的产生取决于物体的形状，但根本原理还是由于空气的黏性。比如，空气流过一个圆球，如果空气没有黏性，圆球上下、前后、左右的压强分布相同，无压差。但由于空气的黏性，气流流过圆球表面时损失了一些能量，不能绕过圆球到圆球后面去，于是产生了气流分离，这也会产生压差阻力。减少压差阻力就要尽可能将暴露在空气中的各个部件或零件外形做成流线型的，并减小迎风面积。比如，给不可收放起的落架和天线等加装流线型的整流罩。

3. 诱导阻力

无人机飞行时，机翼上下表面压强不同而产生升力。下表面压强大，上表面压强小。由于机翼的长度(翼展)有限，因此下表面压强大的气流就要绕过翼梢、向机翼上表面的低压区流动，这样就会在翼尖处形成旋涡。

随着无人机向前飞行，翼尖处的旋涡就向后流去，产生一个向下的下洗流。下洗流使机翼产生的升力向后稍微倾斜了一个角度，这样升力的合力在阻力方向的分量增加。这部分阻力就叫诱导阻力，它是无人机产生升力附带来的，也叫升致阻力。

如果机翼的展长是无限的，就不会有诱导阻力产生，因而减少诱导阻力的办法是增大机翼的展弦比。另外一种减小诱导阻力的办法是增加翼梢小翼，阻挡翼梢涡流。

4. 干扰阻力

所谓“干扰阻力”就是飞机各部件组合到一起后由于气流的相互干扰而产生的一种额外阻力。这使得飞机的各个部件单独放在气流中所产生的阻力之和并不等于它们组合在一起所产生的阻力。

机翼和机身结合到一起时，机翼和机身的连接处会形成一个先收缩后扩张的管道，气流流过时压强由小变大，导致后面的气流有往前流动的趋势，形成一股逆流。逆流与不断由通道流过来的气流相遇，产生旋涡，形成额外阻力。这一阻力由于气流相互干扰而成，故称干扰阻力。

要妥善布置各部件的相对位置，必要时部件之间加装流线型整流蒙皮，使连接处圆滑过渡，减少旋涡的产生，从而减小干扰阻力。

四、无人机飞行性能

(一)飞行速度

1. 最大平飞速度

最大平飞速度是指飞机水平直线飞行时,在一定的飞行距离内发动机最大推力状态下,飞机所能达到的最大飞行速度,也是飞机能够飞多快的指标。要提高无人机的最大飞行速度,一是要减小飞机的飞行阻力,另外还要增加发动机的推力。

2. 最小平飞速度

给定高度上飞机的最小平飞速度为能稳定平飞的飞行速度,一般应大于飞机的失速速度。

(二)航程

航程是衡量一架飞机能够飞多远的指标,是指在载油量一定的情况下,飞机以巡航速度(不进行空中加油)所能飞越的最远距离。提高航程的主要方法是减小空气阻力,增大升阻比,减小发动机的燃油消耗率。在飞机总重一定的情况下,减小结构重量,增加飞机载油量也可以增加航程。

(三)升限

升限用来衡量飞机做水平飞行时所能达到的高度。这里说的升限是指飞机能够进行水平飞行的最大高度,称为静升限;实际中,飞机还可以通过跃升的办法达到更高的高度(即用动能转换为势能),称为动升限。

无人机通常是不在升限附近工作的,而在低于甚至远低于升限的高度飞行。

飞行性能指标还有许多,如机动性能、续航性能、起飞着陆性能等,需要时可查阅相关参考书籍。

五、无人机操稳特性

一架无人机,除了需要产生足够的升力平衡重力、有足够的推力克服阻力以及具有良好的飞行性能之外,还必须具有良好的稳定性和操纵性,才能在空中飞行。无人机的操稳特性特别重要,可以说是其成功与否的关键。

(一)无人机的坐标系

坐标系用来描述无人机的空间位置、速度、加速度、力和力矩等向量。为了描述清楚不同的飞机状态,根据不同的飞机运动模式,常采用不同的坐标系来定义各种参数。坐标系包括地面坐标轴系、机体坐标轴系、气流坐标轴系、航迹坐标轴系、半机体坐标轴系、稳定坐标轴系等。这些坐标系都是三维正交右手系。讨论无人机操稳特性时,采用机体坐标轴系作为参考坐标系。无人机绕机体横轴O_y的转动(称为俯仰运动)以及沿纵轴O_x和竖轴O_z的移动,是发生在无人机对称面内的运动,通常称为纵向运动;而无人机绕机体纵轴O_x的转动(称为滚转运动)和沿横轴O_y的移动,是发生在无人机横截面内的运动,称为横向运动;无人机绕竖轴O_z的转动(称为偏航运动)称为方向运动或航向运动。

(二)无人机的平衡

无人机在飞行时,所有作用于无人机的外力与外力矩之和都等于零的状态称为无人机的平衡状态。等速直线运动是无人机的一种平衡状态。

按照机体坐标轴系,可以将无人机的平衡分为三个方向的平衡:纵向平衡、横向平衡和方向平衡。无人机在纵向平面内做等速直线飞行,并且不绕横轴转动(俯仰)的运动状态,称为纵向平衡。无人机做等速直线飞行,并且不绕纵轴转动(滚转)的飞行状态,称为横向平衡。无人机做等速直线飞行,并且不绕立轴转动(偏航)的飞行状态,称为方向平衡。平衡状态下无人机的升力和重力相等,推力和阻力相等,外力矩为零。

(三)无人机的稳定性

无人机在飞行过程中,常常会碰到一些偶然的、瞬时作用的因素,例如,突风的扰动或机载武器发射等,都会使无人机的平衡状态遭到破坏。在这种情况下,无人机运动参数的变化一般比较剧烈,会影响无人机的飞行安全,因此必须对无人机提出稳定性的要求。所谓稳定性是指无人机在飞行中会不断受到各种外来因素(如突风或不稳定气流)的干扰,破坏了无人机原来的平衡状态。如干扰消除后,无人机有使自身恢复到原来平衡状态的能力。这种能力或特性就叫作无人机的稳定性,也称安定性。

根据机体坐标系,无人机的静稳定性也可分为纵向静稳定性、横向静稳定性和方向静稳定性。

1. 无人机的纵向静稳定性

飞行中,当无人机受到微小扰动而偏离纵向平衡状态,并在扰动去除瞬间,不经人员操纵就有自动地恢复到原来平衡状态的趋势,称无人机具有纵向静稳定性。无人机重心和无人机焦点之间的相互位置,决定了无人机是否具有纵向静稳定性。无人机的重心若位于无人机焦点之前,无人机具有纵向静稳定性;否则,无人机便不具备纵向静稳定性。但当前由于飞控系统的参与,许多无人机采用了静不稳定设计,以保证其机动性。

2. 无人机的横向静稳定性

在飞行中,无人机受微小扰动而使横向平衡状态遭到破坏,并在扰动消失瞬间,无人机不经遥控操作员操纵就具有自动恢复到原来横向平衡状态的趋势,称无人机具有横向静稳定性;反之,就没有横向静稳定性。

保证无人机横向静稳定性的主要因素是机翼的上反角、后掠角和垂直尾翼。

3. 无人机的方向静稳定性

在飞行中,无人机受微小扰动而使航向平衡状态遭到破坏,并在扰动消失瞬间,无人机能不经遥控操作员操纵就有自动恢复到原来航向平衡状态的趋势,称无人机具有方向(航向)静稳定性。无人机的方向静稳定性主要由垂直尾翼来保证。

(四)无人机的操纵性

无人机不仅应有自动保持原有平衡状态的稳定性,而且还要具有良好的操纵性。

所谓操纵性,是指无人机对飞控系统的操纵做出反应、改变飞行状态的特性,也就是无人机按飞控系统做各种动作的能力。操纵性的好坏与无人机稳定性的大小有密切关系。稳定性太大,也就是说无人机保持原有平衡状态的能力越强,要改变它也就越不容易,操纵起来也就越费劲。若稳定性过小,则操纵力也很小,所以要正确处理好稳定性与操纵性之间的关系。

无人机在空中飞行时的操纵,主要是通过三种操纵面——升降舵、方向舵和副翼来实现的。飞控系统发出信号,无人机控制相应的舵机偏转这三个主操纵面,使无人机绕其纵轴、横轴和竖轴转动,从而改变无人机的飞行姿态。同稳定性一样,无人机的操纵性同样可分为纵向操纵性、方向操纵性和横向操纵性。

1. 无人机的纵向操纵

当飞控系统控制无人机偏转升降舵之后,无人机绕横轴转动而改变迎角、速度等飞行状态的特性,称为无人机的纵向操纵性。

无人机的纵向操纵,依靠位于机身尾部装在水平安定面后缘的升降舵来进行,无人机上的升降舵控制舵机与升降舵相连。在无人机稳定飞行的情况下,当要抬头爬升时,升降舵向上偏转,从而改变水平尾翼的弯度,使之产生一个向下的附加力。该力相对无人机重心产生一个使无人机抬头的力矩,迎角增大,导致无人机的升力系数加大,升力随之增加并大于无人机重力,无人机开始爬升。反之,如果无人机低头下降,升降舵就向下偏转,使水平尾翼产生一个向上的附加力。该力相对无人机重心产生一个使无人机低头的力矩,在该力矩作用下无人机低头,迎角减小导致无人机的升力系数减小,升力随之减小并小于无人机的重力,无人机开始下降。

2. 无人机的方向操纵

当飞控系统控制方向舵之后,无人机绕竖轴转动而改变其侧滑角等飞行状态的特性,称为方向操纵性。

无人机的方向操纵,依靠位于机身尾部装在垂直安定面后缘的方向舵来实现。假设无人机原来处于方向平衡状态做无侧滑直线飞行,方向舵向右偏转,在垂直尾翼上产生向左的侧向力,该力使无人机重心形成机头向右转的航向操纵力矩,让无人机向左侧滑。

3. 无人机的横向操纵

当飞控系统控制偏转副翼之后,无人机绕纵轴滚转或改变滚转角速度和倾斜角等飞行状态的特性,称为无人机的横向操纵性。

横向操纵主要通过副翼来实现。无人机左副翼向上偏转,左翼升力减小;右副翼向下偏转,右翼升力增加,右翼升力大于左翼升力。左、右两边机翼升力之差对无人机纵轴形成的滚转力矩,使无人机向左滚转。

任务5 无人机相关的法律法规

一、无人机相关法律法规概况

近年来,随着市场需求的增长与无人机价格的下降,我国的无人机市场迎来了快速发展。无人机的广泛普及虽然推动了各行各业的全新变革,但是由于相关法律体系、市场体系不够健全以及其他因素的综合影响,无人机扰航、威胁公共安全的事件时常发生,甚至造成了较为恶劣的影响。为了营造良好的低空空域环境,确保低空空域资源的有序开发和利用,国家以强化监管和完善标准为主轴,相继发布了一系列关于无人机管理、规范、应用等方面的法律法规和通知公告。以下列举了一些与无人机管理规范相关的文件。

第一,2009年6月4日,中国民用航空局航空器适航审定司发布《关于民用无人机管理有关问题的暂行规定》,并于2012年1月13日发布《民用无人机适航管理工作会议纪要》,解决无人机的适航管理问题。

第二,2009年6月26日,中国民用航空局空中交通管理局和中国民用航空局空管行业管理办公室发布《民用无人机空中交通管理办法》,主要解决无人机的空域管理问题。

第三,2013年11月18日,中国民用航空局飞行标准司发布《民用无人驾驶航空器系统驾驶员管理暂行规定》,主要解决无人机的驾驶员资质管理问题,并规定质量小于或等于7千克的微型无人机,飞行范围在目视视距内半径500米,相对高度低于120米范围内,无须证照管理,但应尽可能避免遥控飞机进入过高空域;质量等指标高于上述标准的无人机以及飞入复杂空域内的无人机,驾驶员需纳入行业协会甚至民航局的监管。

第四,2014年4月29日,中国民用航空局发布《关于民用无人驾驶航空器系统驾驶员资质管理有关问题的通知》(民航发〔2014〕27号),有效期至2015年4月30日。规定无人机驾驶员资质及训练质量管理由中国航空器拥有者及驾驶员协会负责,这也是我国首次对无人机驾驶员的资质培训提出要求。

第五，2014年7月，中国民用航空局发布《低空空域使用管理规定（试行）》（征求意见稿），主要规范民用无人机的申报问题。

第六，2015年4月23日，中国民用航空局发布《关于民用无人驾驶航空器系统驾驶员资质管理有关问题的通知》（民航发〔2015〕34号），有效期至2018年4月30日。自2015年4月30日起，由中国航空器拥有者及驾驶员协会继续按照相关法律、法规及规范性文件负责在视距内运行的空机质量大于7千克以及在隔离空域超视距运行的无人机驾驶员的资质管理，民航局飞行标准司负责对中国航空器拥有者及驾驶员协会的管理工作进行监督和检查。

第七，2015年12月29日，中国民用航空局飞行标准司发布《轻小无人机运行规定（试行）》，规范低空、慢速、微轻小型的民用无人机的运行，对适用本规定的无人机进行说明、分类，并对民用无人机机长的职责和权限、驾驶员资格要求、限制区域等做出具体说明。

第八，2016年，中国民用航空局飞行标准司对原《民用无人驾驶航空器系统驾驶员管理暂行规定》进行了修订，并于2016年7月11日正式下发《民用无人机驾驶员管理规定》。修订的主要内容包括重新调整无人机分类和定义，新增管理机构管理备案制度，取消部分运行要求等。这规范了对民用无人机驾驶人员的管理，促进了民用无人机产业的健康发展。①

第九，2016年9月21日，中国民用航空局空管行业管理办公室发布《民用无人驾驶航空器系统空中交通管理办法》，规范了在民用航空使用空域范围内的民用无人机系统活动，2009年发布的原《民用无人机空中交通管理办法》同时废止。

第十，2017年5月16日，中国民用航空局航空器适航审定司发布《民用无人驾驶航空器实名制登记管理规定》，要求自2017年6月1日起，民用无人机的拥有者必须进行实名登记，加强了民用无人机管理。该规定适用于在中华人民共和国境内最大起飞质量为250克以上（含250克）的民用无人机。自6月1日起，民用无人机制造商和民用无人机拥有者须在“中国民用航空

①马国利．无人机基础概论[M]．西安：西北工业大学出版社，2021.

局民用无人机实名登记系统”上申请账户，民用无人机制造商在系统中填报其所有产品的信息，民用无人机拥有者在该系统中实名登记其个人及其拥有产品的信息，并将系统给定的登记标志粘贴在无人机上。

第十一，2017年10月20日，中国民用航空局发布《无人机围栏》和《无人机云系统接口数据规范》两部行业标准，我国也由此成为全球范围内最早出台此类行业标准的国家。这对统一行业标准促进无人机行业协调发展具有重要意义。《无人机围栏》首次明确了无人机围栏的范围、构型、数据结构、性能要求和测试要求等，并对无人机围栏进行分类，按照其在水平面投影的几何形状分为民用航空机场障碍物限制面、扇区形、多边形三种，且无人机围栏所使用的经度和纬度坐标点均为WGS-84坐标。《无人机云系统接口数据规范》首次规定了轻小型民用无人机系统与无人机云系统之间的传输数据要求、数据加密要求、编码规则和性能要求。《无人机云系统接口数据规范》明确规定，无人机系统和无人机云系统之间应按照要求的数据接口进行双向通信，通信内容应包含注册信息、动态信息、数据类型、差异数据等。

第十二，2017年8月，工信部联合国家标准化管理委员会、科技部、公安部、农业农村部、国家体育总局、国家能源局、民航局等部门发布了《无人驾驶航空器系统标准体系建设指南(2017—2018年版)》。根据当前无人机行业发展现状，该指南制定了无人机系统标准体系建设目标和发展阶段：第一阶段(2017—2018年)，满足无人机系统市场需求，支撑行业监管需要，初步建立无人机系统标准体系，并重点制定批市场急需、支撑监管的关键标准；第二阶段(2019—2020年)，逐步推进无人机系统标准制定工作，到2020年，基本建立健全无人机系统标准体系，制(修)订300项以上无人机系统标准，基本实现基础标准、管理标准和技术标准全覆盖，行业应用标准满足相关行业应用需求。

第十三，2018年1月，国务院、中央军委空中交通管制委员会办公室组织起草的《无人机飞行管理暂行条例》(征询意见稿)通过工信部网站发布。

第十四，2018年，中国民用航空局飞行标准司发布《民用无人机驾驶员管理规定》(征求意见稿)。

二、《轻小无人机运行规定(试行)》

(一)目的

近年来,民用无人机的生产和应用在国内外蓬勃发展,特别是低空、慢速、微轻小型无人机数量快速增加,占到民用无人机的绝大多数。为了规范此类民用无人机的运行,依据CCAR-91部(即《一般运行和飞行规则》),发布本咨询通告

(二)适用范围及分类

该咨询通告适用范围包括如下:

第一,可在视距内或视距外操作的、空机重量小于等于116千克、起飞全重不大于150千克的无人机,校正空速不超过100千米每小时。

第二,起飞全重不超过5 700千克,距受药面高度不超过15米的植保类无人机。

第三,充气体积在4 600立方米以下的无人飞艇。

第四,适用无人机运行管理分类,如表2所示。

表2 适用无人机运行管理分类

分类	空机质量/千克	起飞全重/千克
Ⅰ	$0<W\leq1.5$	
Ⅱ	$1.5<W\leq4$	$1.5<W\leq7$
Ⅲ	$4<W\leq15$	$7<W\leq25$
Ⅳ	$15<W\leq116$	$25<W\leq150$
Ⅴ	植保类无人机	
Ⅵ	无人机飞艇	
Ⅶ	可在100米之外超视距运行的Ⅰ、Ⅱ类无人机	

注:①实际运行中,Ⅰ、Ⅱ、Ⅲ、Ⅳ类分类有交叉时,按照较高要求的一类分类;②对于串、并列运行或者编队运行的无人机,按照总质量分类;③地方政府(例如当地公安部门)对于Ⅰ、Ⅱ类无人机质量界限低于本表规定的,以地方政府的具体要求为准。

第五,Ⅰ类无人机使用者应安全使用无人机,避免对他人造成伤害,不

必按照本咨询通告后续规定管理。

第六，本咨询通告不适用于无线电操作的航空模型，但当航空模型使用了自动驾驶仪、指令与控制数据链路或自主飞行设备时，应按照本咨询通告管理。

第七，本咨询通告不适用于室内、拦网内等隔离空间运行无人机，但当该场所有聚集人群时，操作者应采取措施确保人员安全。

（三）定义

第一，无人机（Unmanned Aircraft，UA），是由控制站管理（包括远程操纵或自主飞行）的航空器，也称远程驾驶航空器（Remtely Piloted Aireraft，RPA）。

第二，无人机系统（Unmanned Aircraft System，UAS），也称远程驾驶航空器系统（Remotely Piloted Aircraft Systems，RPAS），是指由无人机、相关控制站、所需的指令与控制数据链路以及批准的型号设计规定的任何其他部件组成的系统。

第三，无人机系统驾驶员，由运营人指派对无人机的运行负有必不可少责任并在飞行期间适时操纵无人机的人。

第四，无人机系统的机长，是指在系统运行时间内负责整个无人机系统运行和安全的驾驶员。

第五，无人机观测员，是由运营人指定的训练有素的人员，通过目视观测无人机，协助无人机驾驶员安全实施飞行。

第六，运营人，是指从事或拟从事航空器运营的个人、组织或者企业。

第七，控制站（也称遥控站地面站），是无人机系统的组成部分，包括用于操纵无人机的设备。

第八，指令与控制数据链路（Command and Control Datalink，C2），是指无人机和控制站之间以飞行管理为目的的数据链接。

第九，视距内运行（Visual Line of Sight，VLOS），无人机驾驶员或无人机观测员与无人机保持直接目视视觉接触的操作方式，航空器处于驾驶员或观测员目视视距内半径500米、相对高度低于120米的区域内。

第十，超视距运行（Beyond VLOS，BVLOS），是指无人机在目视视距以外的运行。

第十一，融合空域，是指有其他航空器同时运行的空域。

第十二，隔离空域，是指专门分配给无人机系统运行的空域，通过限制其他航空器的进入以规避碰撞风险。

第十三，人口稠密区，是指城镇、村庄、繁忙道路或大型露天集会场所等区域。

第十四，重点地区，是指军事重地、核电站和行政中心等关乎国家安全的区域及周边，或地方政府临时划设的区域。

第十五，机场净空区，也称机场净空保护区域，是指为保护航空器起飞、飞行和降落安全，根据民用机场净空障碍物限制图要求划定的空间范围。

第十六，空机质量，是指不包含载荷和燃料的无人机质量，该质量包含燃料容器和电池等固体装置。

第十七，无人机云系统（简称无人机云），是指轻小型民用无人机运行动态数据库系统，用于向无人机用户提供航行服务、气象服务等，对民用无人机运行数据（包括运营信息、位置、高度和速度等）进行实时监测。接入系统的无人机应即时上传飞行数据，无人机云系统对侵入电子围栏的无人机具有报警功能。

第十八，电子围栏，是指为阻挡即将侵入特定区域的航空器，在相应电子地理范围中划出特定区域，并配合飞行控制系统保障区域安全的软硬件系统。

第十九，主动反馈系统，是指运营人主动将航空器的运行信息发送给监视系统。

第二十，被动反馈系统，是指航空器被雷达、ADS-B系统、北斗等手段从地面进行监视的系统，该反馈信息不经过运营人。

（四）民用无人机机长的职责和权限

民用无人机机长对民用无人机的运行直接负责，并具有最终决定权。在飞行中遇有紧急情况时，机长必须采取适合当时情况的应急措施；在飞行中遇到需要立即处理的紧急情况时，机长可以在保证地面人员安全所需要的范围内偏离本通告的任何规定。如果在危及地面人员安全的紧急情况下必须采取违反当地规章或程序的措施，机长必须毫不迟疑地通知有关地方当局。机长必须负责以可用的最迅速的方法将导致人员严重受伤或死亡、地面财产重大损失的任何航空器事故通知最近的民航及相关部门。

（五）民用无人机驾驶员资格要求

民用无人机驾驶员应当根据其所驾驶的民用无人机等级分类，符合咨询通告《民用无人驾驶航空器系统驾驶员管理暂行规定》（AC-61-FS-2013-20）中关于执照、合格证、等级、训练、考试、检查和航空经历等方面的要求，并依据本咨询通告运行。

（六）民用无人机使用说明书

民用无人机使用说明书应当使用机长、驾驶员及观测员能够正确理解的语言文字。V类民用无人机的使用说明书应包含相应的农林植保要求和规范。

（七）禁止粗心或鲁莽的操作

任何人员在操作民用无人机时不得粗心大意和盲目蛮干，以免危及他人的生命或财产安全。

（八）摄入酒精和药物的限制

民用无人机驾驶员在饮用任何含酒精的液体之后的8小时之内，或处于酒精作用之下，或受到任何药物影响，或工作能力对飞行安全造成影响的情况下，不得驾驶无人机。

（九）飞行前准备

在开始飞行之前，机长应当：①了解任务执行区域限制的气象条件；②确定运行场地满足无人机使用说明书所规定的条件；③检查无人机各组件情况、燃油或电池储备、通信链路信号等是否满足运行要求，对于无人机云系统的用户，应确认系统是否接入无人机云；④制定出现紧急情况的处置预案，预案中应包括紧急备降地点等内容。

（十）限制区域

机长应确保无人机运行时符合有关部门的要求，避免进入限制区域：①对于无人机云系统的用户，应该遵守该系统限制；②对于未接入无人机云系统的用户,应向相关部门了解限制区域的划设情况,不得突破机场障碍物控制面、飞行禁区、未经批准的限制区以及危险区等。

(十一)视距内运行

第一,必须在驾驶员或者观测员视距范围内运行。

第二,必须在昼间运行。

第三,必须将航路优先权让于其他航空器。

(十二)视距外运行

第一,必须将航路优先权让于有人驾驶航空器。

第二,当飞行操作危害到空域的其他使用者和地面上的人身财产安全,或不能按照《轻小型民用无人机系统运行暂行规定》要求继续飞行时,应当立即停止飞行活动。

第三,驾驶员应当能够随时控制无人机,对于使用自主模式的无人机,无人机驾驶员必须能够随时操控。

出现无人机失控的情况时,机长应该执行相应的预案,包括:①无人机应急回收程序;②对于接入无人机云的用户,应在系统内上报相关情况;③对于未接入无人机云的用户,联系相关空管服务部门的程序,上报遵照以上程序的相关责任人名单。

(十三)民用无人机运行的仪表、设备和标识要求

第一,具有有效的空地C2链路。

第二,地面站或操控设备具有显示无人机实时的位置、高度、速度等信息的仪器仪表。

第三,具有用于记录、回放和分析飞行过程的飞行数据记录系统且数据信息至少保存三个月(适用于Ⅲ、Ⅳ、Ⅵ和Ⅶ类无人机)。

第四,对于接入无人机云系统的用户,应当符合无人机云的接口规范。

第五,对于未接入无人机云系统的用户,其无人机机身需有明确的标识,注明该无人机的型号、编号、所有者、联系方式等信息,以便出现坠机情况时能迅速查找到无人机所有者或操作者信息。

（十四）管理方式

民用无人机分类繁杂，运行种类繁多，所使用的空域远比有人驾驶航空器的广阔，因此有必要实施分类管理，依据现有无人机技术成熟情况，针对轻小型民用无人机进行以下运行管理。

1. 民用无人机的运行管理

（1）电子围栏

第一，对于Ⅲ、Ⅳ、Ⅵ和Ⅶ类无人机，应安装并使用电子围栏。

第二，对于在重点地区和机场净空区以下运行的Ⅱ类和Ⅴ类无人机，应安装并使用电子围栏。

（2）接入无人机云的民用无人机

第一，对于重点地区和机场净空区以下使用的Ⅱ类和Ⅴ类的民用无人机，应接入无人机云，或者仅将其地面操控设备位置信息接入无人机云，报告频率最少每分钟一次。

第二，对于Ⅲ、Ⅳ、Ⅵ和Ⅶ类的民用无人机应接入无人机云，在人口稠密区报告频率最少每秒一次，在非人口稠密区报告频率最少每30秒一次。

第三，对于Ⅳ类的民用无人机，增加被动反馈系统。

（3）未接入无人机云的民用无人机

未接入无人机云的民用无人机运行前需要提前向管制部门提出申请，并提供有效监视手段。

2. 民用无人机运营人的管理

《民用航空法》规定，无人机运营人应当对无人机投保地面第三人责任险。

（十五）无人机云提供商须具备的条件

无人机云提供商须具备以下条件：①设立专门的组织机构；②建立无人机云系统的质量管理体系和安全管理体系；③建立民用无人机驾驶员、运营人数据库和无人机运行动态数据库，可以清晰管理和统计持证人员，监测运行情况；④与相应的管制、机场部门建立联系，为其提供数据输入接口，并为用户提供空域申请信息服务；⑤建立与相关部门的数据分享机制，建立与其他无人机云提供商的关键数据共享机制；⑥满足当地法律法规，遵守军方为保证国家安全而发布的通告和禁飞要求;⑦获得中国民用航空局试运行批准。

提供商应定期对系统进行更新扩容,保证其所接入的民用无人机运营人使用方便、数据可靠低延迟、飞行区域实时有效。

提供商每6个月向中国民用航空局提交报告,内容包括无人机云系统接入航空器架数、运营人数量、技术进步情况,以及遇到的困难和问题、事故和事故征候等。

(十六)植保无人机运行要求

植保无人机作业飞行是指无人机进行下述飞行:①喷洒农药;②喷洒用于作物养料、土壤处理、作物生命繁殖或病虫害控制的任何其他物质;③从事直接影响农业、园艺或森林保护的喷洒任务,但不包括撒播活的昆虫。

运营人应指定一个或多个作业负责人,该作业负责人应当持有民用无人机驾驶员合格证并具有相应等级,同时接受了下列知识和技术的培训或者具备相应的经验。

第一是理论知识,包括:①开始作业飞行前应当完成的工作步骤,包括作业区的勘察;②安全处理有毒药品的知识及要领和正确处理使用过的有毒药品容器的办法;③农药与化学药品对植物、动物和人员的影响和作用,重点是在计划运行中常用的药物,以及使用有毒药品时应当采取的预防措施;④人体在中毒后的主要症状,应当采取的紧急措施和医疗机构的位置;⑤所用无人机的飞行性能和操作限制;⑥安全飞行和作业程序。

第二是飞行技能,包括以无人机的最大起飞全重完成起飞、作业线飞行等操作动作。作业负责人对实施农林喷洒作业飞行的每一人员实施以上理论培训技能培训以及考核,并明确其在作业飞行中的任务和职责。作业负责人对农林喷洒作业飞行负责,其他作业人员应该在作业负责人带领下实施作业任务。对于独立喷洒作业人员,或者从事作业高度在15米以上的作业人员应持有民用无人机驾驶员合格证。

实施喷洒作业时,应当采取适当措施,避免喷洒的物体对地面的人员和财产造成危害。

实施农林喷洒作业的运营人应当在其主运行基地保存关于下列内容的

记录:①服务对象的名称和地址;②服务日期;③每次作业飞行所喷洒物质的量和名称;④每次执行农林喷洒作业飞行任务的驾驶员的姓名、联系方式和合格证编号,以及通过知识和技术检查的日期。

(十七)无人飞艇运行要求

第一,禁止云中飞行。在云下运行时,与云的垂直距离不得少于120米。

第二,当无人飞艇附近存在人群时,须在人群30米以外位置运行。当人群抵近时,飞艇与周边非操作人员的水平间隔不得小于10米,垂直间隔不得小于10米。

第三,除经中国民用航空局批准,不得使用可燃性气体(如氢气)。

(十八)废止和生效

本咨询通告自下发之日起生效。2016年12月31日前Ⅲ、Ⅳ、Ⅴ、Ⅵ和Ⅶ类无人机均应符合本咨询通告要求,在北京、上海、广州深圳运行的Ⅱ类无人机也应符合本咨询通告要求;2017年12月31日前适用无人机均应符合本咨询通告要求。

当其他法律法规发布生效时,本咨询通告与其内容相抵触部分自动失效;飞行标准司有责任依据法律法规的变化、科技的进步、社会的需求等及时修订本咨询通告。

三、《民用无人机驾驶员管理规定》

(一)目的

近年来,随着技术的进步,民用无人驾驶航空器(也称远程驾驶航空器,以下简称无人机)的生产和应用在国内外均得到了蓬勃发展,其驾驶员(业界也称操控员操作手、飞手等,这里统称为驾驶员)数量也在快速增加。面对这样的情况,中国民用航空局有必要在不妨碍民用无人机多元发展的前提下,加强对民用无人机驾驶员的规范管理,促进民用无人机产业的健康发展。

由于民用无人机在全球范围内发展迅速,国际民航组织已经开始为无人机系统制定标准、建议措施、空中航行服务程序和指导材料。这些标准和建议措施预计将在未来几年成熟,因此多个国家发布了管理规定。本咨询通告针对目前出现的无人机系统的驾驶员实施指导性管理，并将根据行业发展情况随时修订，最终目的是按照国际民航组织的标准建立我国完善的民用无人机驾驶员监管体系。

（二）适用范围

该咨询通告用于民用无人机系统驾驶人员的资质管理。其涵盖范围包括但不限于如下内容。

第一，无机载驾驶人员的无人机系统。

第二，有机载驾驶人员的航空器，但该航空器可同时由外部的无人机驾驶员实施完全飞行控制。

第三，适用无人机分类如表3所示。

表3 适用无人机分类

分类	空机质量/千克	起飞全重/千克
Ⅰ	0<W≤1.5	
Ⅱ	1.5<W≤4	1.5<W≤7
Ⅲ	4<W≤15	7<W≤25
Ⅳ	15<W≤116	25<W≤150
Ⅴ	植保类无人机	
Ⅵ	无人机飞艇	
Ⅶ	超视距运行的Ⅰ、Ⅱ类无人机	
Ⅺ	116<W≤5 700	150<W≤5 700
Ⅻ	W>5 700	

注：①实际运行中，Ⅰ、Ⅱ、Ⅲ、Ⅳ、Ⅺ类分类有交叉时，按照较高要求的一类分类；②对于串、并列运行或者编队运行的无人机，按照总质量分类；③地方政府（例如当地公安部门）对于Ⅰ、Ⅱ类无人机质量界限低于本表规定的，以地方政府的具体要求为准。

（三）法规解释

无论驾驶员位于航空器的内部还是外部，无人机系统和驾驶员都必须符合民航法规在相应章节中的要求。由于无人机系统中没有机载驾驶员，原有法规有关驾驶员的部分已不能适用。

(四)定义

第一,无人机是由控制站管理(包括远程操纵或自主飞行)的航空器,也称远程驾驶航空器。

第二,无人机系统,也称远程驾驶航空器系统,是指由无人机、相关的控制站、所需的指令与控制数据链路以及批准的型号设计规定的任何其他部件组成的系统。

第三,无人机系统驾驶员,由运营人指派对无人机的运行负有必不可少职责并在飞行期间适时操纵无人机的人。

第四,无人机系统的机长,是指在系统运行时间内负责整个无人机系统运行和安全的驾驶员。

第五,无人机观测员,是由运营人指定的训练有素的人员,通过目视观测无人机,协助无人机驾驶员安全实施飞行,通常由运营人管理,无证照要求。

第六,运营人,是指从事或拟从事航空器运营的个人、组织或企业。

第七,控制站(也称遥控站、地面站),是无人机系统的组成部分,包括用于操纵无人机的设备。

第八,指令与控制数据链路,是指无人机和控制站之间以飞行管理为目的的数据链接。

第九,感知与避让,是指察觉或发现交通冲突或其他危险并采取适当行动的能力。

第十,无人机感知与避让系统,是指无人机安装的一种设备,用以确保无人机与其他航空器保持一定的安全飞行间隔,相当于载人航空器的防撞系统。在融合空域中运行的Ⅺ、Ⅻ类无人机应安装此种系统。

第十一,视距内运行,无人机在驾驶员或观测员与无人机保持直接目视视觉接触的范围内运行,且该范围为目视视距内半径不大于500米,人、机相对高度不大于120米。

第十二,超视距运行,无人机在目视视距以外的运行。

第十三,扩展视距(Extended VLOS,EVLOS)运行,无人机在目视视距以外运行，但驾驶员或者观测员借助视觉延展装置操作无人机，属于超视距运行的一种。

第十四，融合空域，是指有其他有人驾驶航空器同时运行的空域。

第十五，隔离空域，是指专门分配给无人机系统运行的空域，通过限制其他航空器的进入以规避碰撞风险。

第十六，人口稠密区，是指城镇、乡村、繁忙道路或大型露天集会场所等区域。

第十七，空机质量，是指不包含载荷和燃料的无人机质量，该质量包含燃料容器和电池等固体装置。

第十八，无人机云系统（简称无人机云），是指轻小型民用无人机运行动态数据库系统，用于向无人机用户提供航行服务、气象服务等，对民用无人机运行数据（包括运营信息、位置、高度和速度等）进行实时监测。接入系统的无人机应即时上传飞行数据，无人机云系统对侵入电子围栏的无人机具有报警功能。

（五）管理机构

无人机系统分类较多，所适用空域远比有人驾驶航空器广阔，因此有必要对无人机系统驾驶员实施分类管理。

下列情况下，无人机系统驾驶员自行负责，无须证照管理：①在室内运行的无人机；②Ⅰ、Ⅱ类无人机（如运行需要，驾驶员可在无人机云系统进行备案，备案内容应包括驾驶员真实身份信息、所使用的无人机型号，并通过在线法规测试）；③在人烟稀少、空旷的非人口稠密区进行试验的无人机。

下列情况下，无人机驾驶员由行业协会实施管理，中国民用航空局飞行标准可以实施监督：①在隔离空域内运行的除Ⅰ、Ⅱ类以外的无人机；②在融合空域内运行的Ⅲ、Ⅳ、Ⅴ、Ⅵ、Ⅶ类无人机；③在融合空域内运行的Ⅺ、Ⅺ类无人机，其驾驶员由中国民用航空局实施管理。

（六）行业协会对无人机系统驾驶员的管理

实施无人机系统驾驶员管理的行业协会须具备以下条件：①正式注册五年以上的全国性行业协会，并具有行业相关性；②设立专门的无人机管理机构；③建立可发展完善的理论知识评估方法，可以测评人员的理论水平；

④建立可发展完善的安全操作技能评估方法，可以评估人员的操控、指挥和管理技能；⑤建立驾驶员考试体系和标准化考试流程，可实现驾驶员训练、考试全流程电子化实时监测；⑥建立驾驶员管理体系，可以统计和管理驾驶员在持证期间的运行和培训的飞行经历、违章处罚等记录；⑦在民航局备案。

行业协会对申请人实施考核后签发训练合格证，在前述对应情况下运行的无人机系统中担任驾驶员，必须持有该合格证。训练合格证应定期更新，更新时应对新的法规要求、新的知识和驾驶技术等内容实施必要的培训，如需要，应进行考核。行业协会每6个月向中国民用航空局提交报告，内容包括训练情况、技术进步情况、遇到的困难和问题、事故和事故征候、训练合格证统计信息等。

（七）中国民用航空局对无人机系统驾驶员的管理

1. 执照要求

第一，在融合空域3 000米以下运行的Ⅺ类无人机驾驶员，应至少持有运动或私用驾驶员执照，并带有相似的类别等级（如适用）。

第二，在融合空域3 000米以上运行的Ⅺ类无人机驾驶员，应至少持有带有飞机或直升机等级的商用驾驶员执照。

第三，在融合空域运行的Ⅹ类无人机驾驶员，应至少持有带有飞机或直升机等级的商用驾驶员执照和仪表等级。

第四，在融合空域运行的Ⅺ类无人机机长，应至少持有航线运输驾驶员执照。

2. 执照签注

对于完成训练并考试合格人员，其驾驶员执照上应签注如下信息：无人机型号；无人机类型；职位，包括机长、副驾。

3. 熟练检查

驾驶员应对每个签注的无人机类型接受熟练检查，该检查每12个月进行一次。检查由中国民用航空管理局可接受的人员实施。

4. 体检合格证

持有驾驶员执照的无人机驾驶员必须持有按中国民用航空规章《民用

航空人员体检合格证管理规则》颁发的有效体检合格证，并且在行使驾驶员执照权利时随身携带该合格证。

5. 航空知识要求

申请人必须接受并记录培训机构工作人员提供的地面训练，完成下列与所申请无人机系统等级相应的地面训练课程并通过理论考试。

第一，航空法规以及机场周边飞行、防撞、无线电通信、夜间运行、高空运行等知识。

第二，气象学知识，包括识别临界天气状况、获得气象资料的程序以及航空天气报告和预报的使用。

第三，航空器空气动力学基础和飞行原理。

第四，无人机主要系统知识，包括导航、飞控、动力、链路、电气等知识。

第五，无人机系统通用应急操作程序。

第六，掌握所使用的无人机系统特性，包括三个方面：①起飞和着陆要求。②性能，包括飞行速度、典型和最大爬升率、典型和最大下降率、典型和最大转弯率、其他有关性能数据（如风、结冰、降水限制）、航空器最大续航能力。③通信、导航和监视功能，包括六个方面。一是，航空安全通信频率和设备，包括：空中交通管制通信，指任何备用的通信手段；指令与控制数据链路（C2），如性能参数和指定的工作覆盖范围；无人机驾驶员和无人机观测员之间的通信，如适用。二是，导航设备。三是，监视设备（如SSR应答，ADS-B发出）。四是，发现与避让能力。五是，通信紧急程序，包括：ATC通信故障；指令与控制数据链路故障；无人机驾驶员和无人机观测员通信故障（如适用）。六是，控制站的数量和位置以及控制站之间的交接程序（如适用）。

6. 飞行技能与经历要求

申请人必须至少在下列操作上接受并记录培训机构提供的针对所申请无人机系统等级的实际操纵飞行或模拟飞行训练情况。

对于机长的要求：①空域申请与空管通信，不少于4小时；②航线规划，不少于4小时；③系统检查程序，不少于4小时；④正常飞行程序指挥，不少于20小时；⑤应急飞行程序指挥，包括规避航空器、发动机故障链路丢失、应急回收、迫降等，不少于20小时；⑥任务执行指挥，不少于4小时。

对于驾驶员的要求:①飞行前检查,不少于4小时;②正常飞行程序操作,不少于20小时;③应急飞行程序操作,包括发动机故障、链路丢失、应急回收、迫降等,不少于20小时。

7. 飞行技能考试

第一,考试员应由中国民用航空局认可的人员担任。

第二,用于考核的无人机系统由执照申请人提供。

第三,考试中除对上述训练内容进行操作考核,还应对下列内容进行充分口试:①所使用的无人机系统特性;②所使用的无人机系统正常操作程序;③所使用的无人机系统应急操作程序。

四、《民用无人驾驶航空器系统空中交通管理办法》

(一)总则

第一条 为了加强对民用无人驾驶航空器飞行活动的管理,规范其空中交通管理工作,依据《中华人民共和国民用航空法》《中华人民共和国飞行基本规则》《通用航空飞行管制条例》和《民用航空空中交通管理规则》,制定本办法。

第二条 本办法适用于依法在航路航线、进近(终端)和机场管制地带等民用航空使用空域范围内或者对以上空域内运行存在影响的民用无人驾驶航空器系统活动的空中交通管理工作。

第三条 民航局指导监督全国民用无人驾驶航空器系统空中交通管理工作,地区管理局负责本辖区内民用无人机系统空中交通服务的监督和管理工作。

空管单位向其管制空域内的民用无人驾驶航空器系统提供空中交通服务。

第四条 民用无人驾驶航空器仅允许在隔离空城内飞行。

民用无人驾驶航空器在隔离空域内飞行,由组织单位和个人负责实施,并对其安全负责。多个主体同时在同一空域范围内开展民用无人驾驶航空器飞行活动的,应当明确一个活动组织者,并对隔离空域内民用无人驾驶航空器飞行活动安全负责。

（二）评估管理

第五条 在本办法第二条规定的民用航空使用空域范围内开展民用无人驾驶航空器系统飞行活动，除满足以下全部条件的情况外，应通过地区管理局评审：①机场净空保护区以外；②民用无人驾驶航空器的最大起飞质量小于或等于7千克；③在视距内飞行，且天气条件不影响持续可见无人驾驶航空器；④在昼间飞行；⑤飞行速度不大于120千米每小时；⑥民用无人机符合适航管理相关要求；⑦驾驶员符合相关资质要求；⑧在进行飞行前驾驶员完成对民用无人机系统的检查；⑨不得对飞行活动以外的其他方面造成影响，包括地面人员、设施、环境安全和社会治安等；⑩运营人应确保其飞行活动持续符合以上条件。

第六条 民用无人驾驶航空器系统飞行活动需要评审时，由运营人会同空管单位提出使用空域，对空域内的运行安全进行评估并形成评估报告。

地区管理局对评估报告进行审查或评审，出具结论意见。

第七条 民用无人驾驶航空器在空域内运行应当符合国家和民航有关规定，经评估满足空域运行安全的要求。评估应当至少包括以下内容。

第一，民用无人驾驶航空器系统情况，包括民用无人驾驶航空器系统基本情况、国籍登记适航证件（特殊适航证、标准适航证和特许飞行证等）、无线电台及使用频率情况。

第二，驾驶员、观测员的基本信息和执照情况。

第三，民用无人驾驶航空器系统运营人基本信息。

第四，民用无人驾驶航空器的飞行性能，包括：飞行速度、典型和最大爬升率、典型和最大下降率、典型和最大转弯率其他有关性能数据（如风、结冰降水限制）航空器最大续航能力起飞和着陆要求。

第五，民用无人驾驶航空器系统活动计划，包括：飞行活动类型或目的、飞行规则（目视或仪表飞行）、操控方式（视距内或超视距，无线电视距内或超无线电视距等）、预定的飞行日期、起飞地点、降落地点、巡航速度、巡航高度、飞行路线和空域、飞行时间和次数。

第六，空管保障措施，包括：使用空域范围和时间管制程序间隔要求、协调通报程序、应急预案等。

第七，民用无人驾驶航空器系统的通信、导航和监视设备和能力，包括：民用无人驾驶航空器系统驾驶员与空管单位通信的设备和性能、民用无人驾驶航空器系统的指挥与控制链路及其性能参数和覆盖范围、驾驶员和观测员之间的通信设备和性能、民用无人驾驶航空器系统导航和监视设备及性能。

第八，民用无人驾驶航空器系统的感知与避让能力。

第九，民用无人驾驶航空器系统故障时的紧急程序特别是：与空管单位的通信故障、指挥与控制链路故障、驾驶员与观测员之间的通信故障等情况。

第十，遥控站的数量和位置以及遥控站之间的移交程序。

第十一，其他有关任务、噪声、安保、业载、保险等方面的情况。

第十二，其他风险管控措施。

第八条　按照本规定第六条需要进行评估的飞行活动，其使用的民用无人驾驶航空器系统应当为遥控驾驶航空器系统，而非自主无人驾驶航空器系统，并且能够按要求设置电子围栏。

第九条　地区管理局应当组织相关部门对评估报告进行审查，对于复杂问题可以组织专家进行评审和现场演示，并将审查或评审结论反馈给运营人和有关空管单位。

（三）空中交通服务

第十条　民用无人驾驶航空器飞行应当为其单独划设隔离空域，明确水平范围、垂直范围和使用时段。可在民航使用空域内临时为民用无人驾驶航空器划设隔离空域。

飞行密集区、人口稠密区、重点地区、繁忙机场周边空域，原则上不划设民用无人驾驶航空器飞行空域。

第十一条　隔离空域由空管单位会同运营人划设。划设隔离空域应综合考虑民用无人驾驶航空器通信导航监视能力、航空器性能、应急程序等因素，并符合下列要求。

第一，隔离空域边界原则上距其他航空器使用空域边界的水平距离不小于10千米。

第二，隔离空域上下限距其他航空器使用空域垂直距离8 400米(含)以下不得小于600米，8 400米以上不得小于1 200米。

第十二条 民用无人驾驶航空器在隔离空域内运行时，应当符合下列要求。

第一，民用无人驾驶航空器应当遵守规定的程序和安全要求。

第二，民用无人驾驶航空器确保在所分配的隔离空域内飞行，并与水平边界保持5 000米以上距离。

第三，防止民用无人驾驶航空器无意间从隔离空域脱离。

第十三条 为了防止民用无人驾驶航空器和其他航空器活动相互穿越隔离空城边界，提高民用无人驾驶航空器运行的安全性，需要采取下列安全措施。

第一，驾驶员应当持续监视民用无人驾驶航空器飞行。

第二，当驾驶员发现民用无人驾驶航空器脱离隔离空城时，应向相关空管单位通报。

第三，空管单位发现民用无人驾驶航空器脱离隔离空城时，应当防止与其他航空器发生冲突，通知运营人采取相关措施，并向相关管制单位通报。

第四，空管单位应当同时向民用无人驾驶航空器和隔离空城附近运行的其他航空器提供服务。

第五，在空管单位和民用无人驾驶航空器系统驾驶员之间应建立可靠的通信。

第六，空管单位应为民用无人驾驶航空器指挥与控制链路失效、民用无人驾驶航空器避让侵入的航空器等紧急事项设置相应的应急工作程序。

第十四条 针对民用无人驾驶航空器违规飞行影响日常运行的情况，空管单位应与机场、军航管制单位等建立通报协调关系，制定信息通报、评估处置和运行恢复的方案，保证安全，降低影响。

(四)无线电管理

第十五条 民用无人驾驶航空器系统活动中使用无线电频率、无线电设备应当遵守国家无线电管理法规和规定，且不得对航空无线电频率造成有害干扰。

第十六条 未经批准,不得在民用无人驾驶航空器上发射语音广播通信信号。

第十七条 使用民用无人驾驶航空器系统应当遵守国家有关部门发布的无线电管制命令。

(五)附则

第十八条 民用无人驾驶航空器系统飞行活动涉及多项评估或审批的,地区管理局应当统筹安排。

第十九条 本管理办法自下发之日起开始施行,原《民用无人机空中交通管理办法》(MD-7M-2009-002)同时废止。

第二十条 本管理办法使用的术语定义,如下:

民用无人驾驶航空器:没有机载驾驶员操作的民用航空器。

民用无人驾驶航空器系统:指民用无人驾驶航空器及与其安全运行有关的组件,主要包括遥控站、数据链路等。

遥控驾驶航空器系统:由遥控驾驶航空器、相关的遥控站、所需的指挥与控制链路以及批准的型号设计规定的任何其他部件构成的系统。

遥控驾驶航空器:由遥控站操纵的无人驾驶航空器。遥控驾驶航空器是无人驾驶航空器的亚类。

遥控站:遥控驾驶航空器系统的组成部分,包括用于操纵遥控驾驶航空器的设备。

指挥与控制链路:遥控驾驶航空器和遥控站之间为飞行管理目的建立的数据链接。

自主无人驾驶航空器系统:不允许驾驶员介入飞行管理的无人驾驶航空器。

电子围栏:指为防止民用无人驾驶航空器飞入或者飞出特定区域,在相应电子地理范围中划出其区域边界,并配合飞行控制系统,保障区域安全的软硬件系统。

感知与避让:观察、发现、探测交通冲突或其他危险,并采取适当行动的能力。

运营人:指从事或拟从事航空器运营的个人、组织或者企业。

驾驶员：由运营人指派对遥控驾驶航空器的运行负有必不可少职责，并在飞行期间适时操纵无人驾驶航空器的人。

观测员：由运营人指定的训练有素的人员，通过目视观测遥控驾驶航空器协助驾驶员安全实施飞行。

隔离空域：专门分配给无人机系统运行的空域，通过限制其他航空器的进入以规避碰撞风险。

非隔离空域：无人驾驶航空器系统与其他有人驾驶航空器同时运行的空域。

目视视距内：驾驶员或观测员与无人驾驶航空器保持直接目视视觉接触的运行方式。直接目视视觉接触的范围为：真高120米以下；距离不超过驾驶员或观测员视线范围或最大500米半径的范围，两者中取较小值。

超目视视距：无人驾驶航空器在目视视距以外的运行方式。

无线电视距内：指发射机和接收机在彼此的无线电覆盖范围之内能够直接进行通信，或者通过地面网络使远程发射机和接收机在无线电视距内，并且能在相应时间范围内完成通信传输的情况。

超无线电视距：指发射机和接收机不在无线电视距之内的情况。因此，所有卫星系统都是超无线电视距的，遥控站通过地面网络不能在相应时间范围与至少一个地面站完成通信传输的系统也都是超无线电视距的。

机场净空区：也称机场净空保护区域，是指为保护航空器起飞、飞行和降落安全，根据民用机场净空障碍物限制图要求划定的空间范围。

人口稠密区：指城镇、村庄、繁忙道路或大型露天集会场所等区域。

重点地区：指军事重地、核电站和行政中心等关乎国家安全的区域及周边，或地方政府临时划设的区域。

五、《民用无人驾驶航空器实名制登记管理规定》

（一）总则

1. 目的

为加强民用无人驾驶航空器（以下简称民用无人机）的管理，对民用无人机拥有者实施实名制登记，特制定本管理规定。

2. 适用范围

本管理规定适用于在中华人民共和国境内最大起飞质量为250克以上(含250克)的民用无人机。

3. 登记要求

自2017年6月1日起,民用无人机的拥有者必须按照本管理规定的要求进行实名登记。2017年8月31日后,民用无人机拥有者,如果未按照本管理规定实施实名登记和粘贴登记标志的,其行为将被视为违反法规的非法行为,其无人机的使用将受影响,监管主管部门将按照相关规定进行处罚。

4. 定义

民用无人机,是指没有机载驾驶员操纵、自备飞行控制系统,并从事非军事、警察和海关飞行任务的航空器。不包括航空模型、无人驾驶自由气球和系留气球。

民用无人机拥有者,是指民用无人机的所有权人,包括个人、依据中华人民共和国法律设立的企业法人、事业法人、机关法人和其他组织。

民用无人机最大起飞质量,是指根据无人机的设计或运行限制,无人机能够起飞时所容许的最大质量。

民用无人机空机质量,是指无人机制造厂给出的无人机基本质量。除商载外,该无人机做好执行飞行任务的全部质量,包含标配电池质量和最大燃油质量。

(二)职责

1. 中国民用航空局航空器适航审定司

第一,制定民用无人机实名登记政策。

第二,管理“中国民用航空局民用无人机实名登记信息系统”(以下简称“无人机实名登记系统”)。

2. 民用无人机制造商

第一,在“无人机实名登记系统”中填报其产品的名称、型号、最大起飞质量、空机质量、产品类型、无人机购买者姓名和移动电话等信息。

第二,在产品外包装明显位置和产品说明书中,提醒拥有者在“无人机实名登记系统”中进行实名登记,警示不实名登记擅自飞行的危害。

第三，随产品提供不干胶打印纸，供拥有者打印"无人机登记标志"。

3. 民用无人机拥有者

第一，依据本管理规定的要求，在"无人机实名登记系统"进行实名登记。

第二，依据本管理规定的要求，在其拥有的无人机上粘贴登记标志。

第三，当发生本管理规定所述更新情况时，在"无人机实名登记系统"上更新无人机的信息。

(三)民用无人机实名登记要求

1. 实名登记的流程

第一，民用无人机制造商和民用无人机拥有者在"无人机实名登记系统"上申请账户。

第二，民用无人机制造商在该系统中填报其所有产品的信息。

第三，民用无人机拥有者在该系统中实名登记其拥有产品的信息，并将系统给定的登记标志粘贴在无人机上。

2. 实名登记的信息内容

(1)民用无人机制造商填报信息

民用无人机制造商在"无人机实名登记系统"中填报的信息包括：①制造商名称、注册地址和联系方式；②产品名称和型号；③空机质量和最大起飞质量；④产品类别；⑤无人机购买者姓名和移动电话。

(2)个人民用无人机拥有者登记信息

个人民用无人机拥有者在"无人机实名登记系统"中登记的信息包括：①拥有者姓名；②有效证件号码(如身份证号、护照号等)；③移动电话和电子邮箱；④产品型号、产品序号；⑤使用目的。

(3)单位民用无人机拥有者登记信息

单位民用无人机拥有者在"无人机实名登记系统"中登记的信息包括：①单位名称；②统一社会信用代码或者组织机构代码等；③移动电话和电子邮箱；④产品型号、产品序号；⑤使用目的。

3. 民用无人机的登记标志

第一，民用无人机登记标志包括登记号和登记二维码，民用无人机拥有者在“无人机实名登记系统”中完成信息填报后，系统自动给出包含登记号和二维码的登记标志图片，并发送到登记的电子邮箱。

第二，民用无人机登记号是为区分民用无人机而给出的编号，对于序号(S/N)不同的民用无人机，登记号不同。民用无人机登记号共有11位字符，分为两部分：前三位为字母UAS，后8位为阿拉伯数字，采用流水号形式，范围为00000001~99999999，如登记号UAS00000003。

第三，民用无人机登记二维码包括无人机制造商、产品型号、产品名称、产品序号、登记时间、拥有者姓名或单位名称、联系方式等信息。

4. 民用无人机的标识要求

第一，民用无人机拥有者在收到系统给出的包含登记号和二维码的登记标志图片后，将其打印为至少2厘米乘以2厘米的不干胶粘贴牌。

第二，民用无人机拥有者将登记标志图片采用耐久性方法粘于无人机不易损伤的地方，且始终清晰可辨，以便于查看。便于查看是指登记标志附着于一个不需要借助任何工具就能查看的部件之上。

第三，民用无人机拥有者必须确保无人机每次运行期间均保持登记标志附着其上。

第四，民用无人机登记号和二维码信息不得涂改、伪造或转让。

5. 登记信息的更新

第一，民用无人机发生出售、转让、损毁、报废、丢失或者被盗等情况，民用无人机拥有者应及时通过“无人机实名登记系统”注销该无人机的信息。

第二，民用无人机的所有权发生转移后，变更后的所有人必须按照本管理规定的要求实名登记该民用无人机的信息。

（四）附则

第一，本管理规定由中国民用航空局航空器适航审定司负责解释。

第二，本管理规定自2017年5月16日起生效。

六、民用无人机驾驶员培训和考试

（一）民用无人机驾驶员合格证

目前，无人机驾照有两种。一种是由中国航空运动协会(ASFC)颁发的

《遥控航空模型飞行员执照》，简称“RC飞行员执照”。准确地说，这是针对航空模型的。另一种是农业、工业无人机驾驶员合格证，是2014年下半年开始，由中国航空器拥有者及驾驶员协会（AOPA）颁发的《民用无人机系统驾驶员合格证》。中国AOPA负责隔离空域类无人机驾驶员的资质管理，目前民航局只授权了AOPA进行无人机执照的发授，中国航空运动协会（ASFC）发授的是模型执照。而模型和无人机是有本质上差别的，模型只能在视距范围内飞行，且只能用作表演、训练、比赛，不能用于商业行为；无人机可以进行飞控和任务载荷，也就是说，除去飞控和任务载荷、纯手控在视距内飞行的无人机就是模型。

（二）民用无人机驾驶员合格审定

根据中国民用航空局《关于民用无人驾驶航空器系统驾驶员资质管理有关问题的通知》（民航发〔2015〕34号）及《民用无人机驾驶员管理规定》文件规定，中国AOPA负责在视距内运行的空机质量大于4千克的无人机驾驶员、在隔离空域超视距运行的无人机驾驶员的资质管理工作。

2017年11月10日，中国航空器拥有者及驾驶员协会发布《民用无人机驾驶员合格审定规则》，并于2017年11月15日施行。《民用无人机驾驶员合格审定规则》将无人机类别等级分为固定翼无人机、无人直升机、多旋翼无人机、垂直起降固定翼无人机、无人自转旋翼机、无人飞艇、植保无人机，考试形式为理论考试和实践考试。民用无人机驾驶员合格证分为以下三种。

第一，视距内驾驶员合格证，视距内驾驶员的飞行经历要求驾驶员合格证的申请人应当具有操纵有动力的无人机至少44小时的飞行经历时间。

第二，超视距驾驶员合格证，超视距内驾驶员的飞行经历要求超视距驾驶员合格证的申请人应当具有操纵有动力的无人机至少56小时的飞行经历时间。

第三，教员等级合格证，教员的飞行经历及训练要求：①教员等级合格证申请人应具有100小时操纵其申请的类别及级别等级航空器并担任超视距驾驶员的飞行经历时间；②教员等级合格证申请人应接受不低于20小时实践飞行训练。

同时规定，按照本规则颁发的驾驶员合格证有效期为两年，如在有效期内增加等级,则合格证有效期与最高的合格证等级有效期保持一致。若最高的合格证等级未按时更新,则在其之后增加的等级将在到期之日自动延长两年有效期。合格证持有人在有效期满后不得继续行使该合格证赋予的权利。

第二关 让无人机飞起来

导读

无人机自诞生以来,随着技术的不断发展,其性能也得到不断提升。无人机作为一种无人驾驶飞行器,具有制作成本低、使用方便、任务完成率高、风险较小的特点。这也使它受到各个领域的青睐,在军用、民用中都表现良好。伴随着无人机飞行器的广泛应用,怎样让无人机飞起来是我们需要学习和了解的。本关详细讲述了无人机在飞行前需要做哪些准备工作,让无人机飞起来需要进行怎样的操作和练习,以及无人机需要进行哪些维护与保养。

闯关说明

在进行本轮的学习之前,我们需要带着以下关卡问题去完成闯关任务,去更好地学习无人机的飞行操作。

(1)无人机飞行需要做哪些准备?

(2)无人机起飞前为什么要进行练习?需要做哪些练习?

(3)经过学习,你认为无人机的操作步骤是怎样的?无人机飞行的注意事项有哪些?

(4)怎样进行无人机的维护与保养?

任务1 飞行前准备

无人机飞行前的准备,包括明确飞行任务、选择无人机机型并掌握其性能、制订飞行计划、飞行前的安全检查和飞行器等设备安全检查等五项工作。

一、明确飞行任务

飞行前,需要确定的内容包括:参加飞行活动的人员、设备;飞行任务的内容,完成人员的职责任务分工;完成无人机等设备的安装、调试;提前查询任务执行期间的气象条件,预测无人机在执行任务时可能遇到的安全风险。

二、选择无人机机型并掌握其性能

如前所说,无人机的机型多种多样。不同机型的无人机,其性能各有长短,各自适应不同的飞行任务需要。鉴于此,无人机机型的选择,应当在对完成任务中的无人机的飞行过程以及地形环境进行详细研究的基础上,根据任务的不同情况来确定,选用其性能与飞行任务相匹配的无人机。此外,必须了解并掌握选用的无人机系统的关键性能,特别是飞行相关性能,包括无人机着陆性能、无人机速度范围、无人机速度限制、无人机高度限制、无人机动力性能等。同时,如果是固定翼的无人机,还要了解巡航速度下油料和电源的续航时间、收放起落架对该机型无人机飞行的影响、节风门位置等内容。

三、制订飞行计划

飞行计划是指飞行执行人员为完成飞行任务,达到飞行活动目的而制订的行动方案。其主要内容包括飞行活动投入的航空器、操控人员和航路、航线、空城、起降场地、飞行时间的安排。(详见《无人驾驶航空器飞行管理暂行条例》第三十八条“无人机飞行计划”内容)

无人机飞行计划,必须根据不同任务来制订,确保切实可行。飞行计划的基本元素,包括操作人员及所属单位的信息,无人机的型号、编号、识别码等信息,无人机起飞降落点坐标,飞行任务类型,执飞日期,运行时间,飞行气象条件等信息。包括应急预案在内的无人机飞行计划制订后,应在飞行前一日15时前,向所在地飞行管制部门(战区空军航管部门)报批,即“空域申请”。空域申请需要提供的材料是:任务来源文件资料;使用空域时间;机型、架数、操控人员信息;使用空域水平、垂直范围;巡线时是否航拍;进出空域方法及通信方式等。

国家无人机在飞行安全高度以下执行反恐维稳、抢险救灾等飞行任务的,可适当简化飞行计划审批流程。微型无人机在禁止飞行空域外飞行,无须申请飞行计划。轻型植保无人机在相应适飞空域飞行,无须申请飞行计划,但需向综合监管平台实时报送动态信息。

四、飞行前的安全检查

飞行前的安全检查主要包括如下内容。

(一)飞行环境安全检查

飞行前,首先,要做的就是观察飞行环境,确保周边没有影响飞行安全的障碍物,如电线、电塔等;其次,应当去确认飞行地区是否处于禁飞区、限飞区,不要违反当地法律、法规;最后,飞行区域应当避开建筑物和人群,以免造成危险、危害。

(二)无人机机身检查

飞行前的机身检查,有助于及时发现机身的损坏,及时排除隐患,保证飞行安全。机身检查内容包括:机身是否有裂纹;螺丝钉或紧固件有无松动或损坏;螺旋桨和电机有无损坏、变形以及安装是否正确,部件衔接是否紧固,各键位是否复位;电池安装是否牢固。

(三)无人机控制系统检查、校准

无人机控制系统检查、校准是飞行前检查中最复杂的一个环节。目前,多数无人机都配有直观、简洁的App,便于检查。控制系统检查、校准主要是查看无人机电池电量和遥控器电池电量是否充足,磁罗盘是否正常,GPS卫星数是否满足安全飞行要求,云台系统是否正常。其中,磁罗盘如果有异常现象,则需更换起飞地点或对磁罗盘进行校准。[①]

(四)工作现场检查

工作现场检查就是检查现场环境是否符合飞行要求,检查设备组装与天线架设是否正确。现场的设备应放在不易被踩踏和碰撞的位置,摆放整齐、有序。检查中,必须记录飞行地点、任务性质、飞行日期、检查人员。

(五)地面站检查

通过对地面站的安全检查,确保监控主机无损伤、放置稳固;各类线缆

①王思源,姜舟,许云飞.无人机结构与系统[M].成都:西南交通大学出版社,2021.

无损伤、无折痕，不相互缠绕；接插件无水、霜、尘、锈，针、孔正常接触，无变形。

（六）设计数据和任务设备检查

设计数据检查是检查地面站地图与航线调用、规划是否正确。任务设备检查是检查吊舱外观是否完好，吊舱光学设备保护外罩有无损伤、划痕；双目模块、双目主控外观应完好，无划痕、损伤等异常情况；镜头表面应洁净、无污染。

（七）通电和试车检查

通电检查是接上电自检，检查电量、电压信息情况，检查信号干扰、遥控响应有无异常，检查数据传输链路、飞控通道是否正常；检查校准各种传感器参数；检查吊舱的姿态控制与图像数据切换功能；检查矢量旋翼的倾转功能。

试车检查是在开车状态下，检查飞控传感器、舵面响应、电机响应、转速等是否正常。

五、飞行器等设备安全检查

飞行器等设备的检查，包括飞行器检查、控制站检查、通信链路检查。

飞行器检查是让投入使用的无人机性能良好、适宜起飞的基本保障措施。飞行器检查的内容，包括飞行器外观及对称性检查、飞行器称重及重心检查、舵面结构及链路检查、起飞降落装置检查、螺旋桨正反方向坚固件检查。

控制站检查的内容，包括控制站电源检查、天线的连接检查、控制软件检查、卫星定位系统检查、规划航线及航点检查。

通信链路检查的内容，包括链路拉距和场强检查、飞行摇杆舵面和节风门反馈检查、外部控制盒舵面检查。

飞行前的安全检查是一个彻底的、系统的、全面的检查。通过检查以确保无人机适航，处于安全运行状态。在此基础上进行试飞检查。

试飞检查，即在适宜场地放飞无人机到达垂直距离地面4米左右、离人半径5米以外的地方，以检查并判断飞行、操作是否正常。只有在判断无人机性能良好、试飞无异常状态的情况下，才可以开始实施这次无人机应用运行活动。

无人机飞行前的各项准备工作过程中的各种信息，必须全部记录在册。

任务2 飞行操作与练习

一、无人机飞行训练的目的及操控手法

无人机飞行训练就是无人机的飞行操纵训练。无人机的飞行操纵特指无人机飞行的控制操作，其内容包括航线的预订、修改、变更，飞行状态监控，指令引导控制，遥控飞行，辅助起降等。

无人机的飞行操纵训练不同于无人机的操纵。无人机的操纵是指无人机操作人员在地面通过无线电链路监督、控制无人机飞行的整个过程，包括起降操纵、飞行控制、任务设备(载荷)控制和数据链管理等。

(一)无人机飞行训练的目的

无人机飞行训练是驾驶无人机的人事先必须做的功课和必须完成的作业，是合法、安全使用无人机的前提条件。因为无人机飞行训练能够传授无人机飞行操纵的技能，教会正确驾驶无人机的方法。如果未曾受训，盲目自信地去违规使用无人机，可能会导致无人机在飞行中发生故障，损害无人机，危及公共安全。

随着民用无人机应用范围的不断扩大，无论是警界还是农业、工业等其他行业，驾驶无人机的人才缺乏问题越来越突出。从经济社会的发展来看，无人机飞行训练为的是满足社会对民用无人机驾驶人才的需求。从无人机应用的安全角度来看，无人机飞行训练的目的是避免无人机在飞行中发生故障，保障无人机飞行的安全和公私财产以及公共安全。

1. 避免无人机飞行故障

实践证明，无人机飞行故障的发生，主要因素涉及三个方面：人、机、环境。统计无人机飞行中的故障数据发现，在开始研制阶段；机的因素为主要

故障源,人、机、环境三者的故障比例为6.7%:73.3%:20.0%;到了定型阶段,人、机、环境三者的故障比例变为23.1%:44.6%:32.3%,人的比例显著上升。随着装备数量的增加,使用时间的增加,人的因素越来越突出,大量缺乏训练的新手进入无人机操纵岗位将为无人机安全飞行带来新的风险。

按照浴盆曲线理论,当系统趋于成熟稳定,进入"盆底",此时人的因素就凸显出来,并渐渐成为制约无人机发挥出应有效能的短板。

2. 保障学员达到试飞员的要求

国际试飞员协会(SETP)对试飞员的要求有明确表述:客观、正确、诚信、能力,这四条也可以看作是对无人机飞行操作员的基本要求。其中对能力的要求有以下六个方面:①正确理解试飞任务单;②按任务单精准完成试飞任务;③仔细总结每次飞行结果;④在飞行中保持警觉,及时发现异常状况;⑤在飞行过程中,及时正确地处置不正常现象;⑥保持镇静,具备处置突发事件的能力。

(二)无人机的操控方法

1. 遥控器的四个通道

无人机的人工操控主要是使用遥控器进行的。通过操控遥控器的至少四个通道,对无人机各个通道的变化指令进行相应的反应,从而达到操控无人机的目的。遥控器最必要的四个通道分别是副翼、升降、油门、方向。①副翼(Aileron,简写为AIL),副翼舵在多旋翼无人机中的作用是控制无人机的左右平飞,在固定翼无人机中的作用是控制无人机的横滚机动。②升降(Elevator,简写为ELE),升降舵在多旋翼无人机中的作用是控制无人机的前后平飞,在固定翼无人机中的作用是控制无人机的俯仰动作。③油门(Throttle,简写为THR),油门舵在多旋翼无人机中的作用是控制无人机的油门转速,从而达到控制无人机飞行高度的目的;在固定翼无人机中的作用是控制无人机的发动机功率(推力),从而控制无人机的速度以及所产生的升力。④方向(Rudder,简写为RUD),方向舵在多旋翼无人机中的作用是控制无人机的飞行航向,也就是原地的旋转动作;在固定翼无人机中的作用同样是控制无人机的飞行航向。

2. 遥控器的操控手法

无人机的遥控器根据其操作手法的不同,可以简单分为三种:美国手、日本手和中国手。除了操作方式不同外,遥控器本身并没有什么本质区别。

(1)美国手

美国手,据称在航空模型刚刚兴起之时,只有一个通道可供控制,于是便把这个通道用来控制旋转方向,上升、下降全凭电机开关与否。由于只有一个控制摇杆,自然多数人都选择用右手控制。后来,随着技术的发展,加入了油门通道的控制,这时便将油门通道分配到了左手的位置。由于这种模式形成最早,于是被称为“模式1”,也由于这些玩家主要位于美国,因此称为“美国手”。①

具体来说,美国手遥控器的左摇杆上下为油门舵,左右为方向舵;右摇杆的上下为升降舵,左右为副翼舵。一般美国手的操控方式都用于多旋翼无人机的操控。

(2)日本手

日本手与美国手的区别其实并不大,仅在于将油门舵和升降舵进行了对调。这种模式也被称为“模式2”,一般日本手的操控方式都用于固定翼无人机的操控。

(3)中国手

中国手,也有人称作“反美国手”,因为其与“美国手”完全相反而得名。这种模式也被称为“模式3”。中国手的操控方式目前来说极其少见,基本不使用中国手的操控方式进行无人机的操控。

二、无人机飞行训练方法与训练内容

(一)模拟器训练

无人机模拟器主要训练各个通道(副翼、升降、油门、转向)的快速反应,常见的模拟器有Phoenix RC、DJIGO和Realflight7。其中,Realflight7较为复杂,可选择其中的训练模式。无人机是按照直升机的训练方式来训练飞行的,更有利于飞行过程中操作手感的养成及挑选适合的操控方式。一般而

①贾玉红. 无人机系统概论[M]. 北京:北京航空航天大学出版社,2020.

言，使用美国手来操控多旋翼无人机，使用日本手来操控固定翼航模类飞行器。

（二）多旋翼无人机的训练方法

1. 起飞与降落训练

起飞与降落是无人机飞行过程中首要的操作，十分重要。据统计，60%的无人机飞行事故发生在起降阶段。

（1）起飞训练

起飞前检查：控制站电源、天线等的连接检查；控制站电源检查；控制站软件检查；卫星定位系统检查；预规划航线及航点检查。

起飞前接通电源的操作：必须先开启遥控器，再接通无人机电源。完成电源接通的操作后，远离无人机，解锁飞控，缓慢推动油门等待无人机起飞，在此过程中，推动油门一定要缓慢，以防止油门过大而无法控制飞行器。

在无人机起飞后，使无人机到达一定高度（一般离地面约1米后开始收油门），并调整油门大小，使无人机在一定高度徘徊。

（2）降落训练

降落时，同样需要注意操作顺序。先收油门，使飞行器缓慢接近地面。在离地面5～10厘米时，稍稍推动油门，降低下降速度；然后再次收油门，直至无人机触地。触地后不得推动油门，油门降到最低，锁定飞控。

相对于起飞来说，降落是一个更为复杂的过程，需要反复练习。在起飞和降落的操作中，还需要注意保证无人机的稳定，切忌使飞行器的摆动幅度过大。否则，起飞和降落时有打坏螺旋桨的风险。

2. 升降与悬停训练

训练方法：飞行器由1米高度悬停开始，垂直上升至4米高度，转入悬停2秒后，转入垂直下降过程，在1米高度上停止下降并转入悬停。

训练难点：飞行器在上升和下降阶段由于受气流的影响，如果不操纵副翼和升降舵，只是单一地加减油门的话，这个上升和下降的轨迹就不会是垂直的，所以需要及时修正飞行器姿态，这时的打舵方向和舵量大小是保证垂直的关键。

3. 四位悬停训练

四位悬停指的是左侧位悬停、右侧位悬停、对头悬停、对尾悬停。训练方法:飞行器在2米高度悬停2秒后,每悬停2秒后原地转90°(左右均可),直至完成对尾—右侧位—对头—左侧位悬停。

训练难点:旋转的过程中,由于螺旋桨的反扭矩的影响,在不操纵副翼和升降舵的时候会有偏航。而且由于操纵者所面对的飞行器的视角不同,故需要操纵者及时调整思维,做出正确的判断和及时的修正。

4. 自转训练

训练方法:飞行器在2米高度悬停,然后绕自身重心点纵轴旋转一周360°(左右均可)。

训练难点:在旋转的过程中,由于螺旋桨的反扭矩的影响,在不操纵副翼和升降舵的时候会有偏航。而且由于操纵者所面对的飞行器的视角不同,故需要操纵者及时调整思维,做出正确的判断和及时的修正。

5. 水平8字训练

训练方法:无人机升空后,使用方向舵进行转弯,不用或尽量少用副翼转弯,在水平方向上,从顺时针到逆时针完成一个8字航线。

训练难点:刚开始练习时,可能存在一个方向的转弯比较顺手,另一个方向不太敢转的情况,这样就会使飞行器进入侧滑状态,加重操纵者的紧张情绪,使之不能正确及时地反应,从而使动作失败。另外,进入转弯时,升降舵和副翼、油门的配合不熟练,也会使飞行器转弯时进入爬升状态或者转弯完成,飞行速度也会降低很多。所以,水平8字需要各舵面和油门相配合完成,各舵面和油门的配合合理性决定水平8字完成的准确度。

(三)固定翼无人机的训练方法

1. 地面滑行

地面滑行主要由起降操作手执行。姿态遥控和航面遥控的手法一致,主要通过左手左右控制方向摇杆操纵。

2. 爬升

爬升主要由飞行操作手执行。各高度爬升均保持节风门在100%上。

爬升时,保持飞行状态的方法与平飞基本相同,其特点是:①根据地面站地平仪位置关系检查与保持俯仰状态。根据当时的飞行高度,将俯仰角保持到理论值(如+2°),使用姿态遥控控制。如俯仰角高或低,应柔和地向前顶杆或向后带杆,保持好正常的位置关系。②大型、小型无人机爬升时,油门较大,螺旋桨扭转气流作用较强,左偏力矩较大,必须适当扭右舵,才能保持好飞行方向。③爬升中,如速度变小太多,应迅速减小俯仰角。④长时间爬升,发动机温度容易高,要注意检查和调整。

三、定高平飞

平飞主要由飞行操作手执行。各高度平飞均保持节风门在适当位置(如45%)上。平飞时,应根据界面上地平仪位置关系,判断无人机的俯仰状态和有无坡度;根据目标点方向,判断飞行方向;不断检查空速、高度和航向指示;同时观察发动机指示,了解发动机工作情况。

平飞时,作用在无人机上的各力和各力矩均应平衡。无人机的平衡经常受各种因素的影响而被破坏,使飞行状态发生变化。飞行中,应及时发现和不断修正偏差,才能保持平飞。其主要方法是:①根据地平仪位置关系,检查与保持俯仰状态。根据当时的飞行高度将俯仰角保持到理论值,使用姿态遥控控制。如俯仰角高或低,应柔和地向前顶杆或向后带杆,保持好正常的位置关系。②根据无人机标志在地平仪天地线上是否有倾斜来判断无人机有无坡度。如有坡度,向影响无人机倾斜的反方向适当压杆修正。无人机无坡度时,注意检查航向变化。如变化较大,应向反方向轻轻扭舵杆,不使无人机产生侧滑。③根据目标点方向与无人机轨迹方向,检查与保持飞行方向。如无人机轨迹方向偏离目标点,应检查无人机有无坡度和侧滑,并随即修正。如果轨迹方向偏离目标,应柔和地向偏转的反方向适当扭舵杆,当轨迹方向对正目标点时回正;如偏离目标过大,应协调地适当压杆扭舵,使无人机对正目标,然后改平坡度,保持好预定的方向。④应用改变航向的方法,修正由于侧风影响造成的无人机偏离目标。

四、下降

下降主要由飞行操作手执行。各高度下降均保持节风门在适当位置(如15%)上。下降时,保持飞行状态的方法与平飞基本相同,其特点是:第一，根据地平仪位置关系，检查与保持俯仰状态。根据当时的飞行高度，将俯仰角保持到理论值，使用姿态控制技巧，如俯仰角高或低，应柔和地向前顶杆或向后带杆，保持好正常的位置关系。第二，大型、小型无人机下降时，由于收小油门后螺旋桨扭转气流减弱，无人机有右偏趋势，必须抵住左舵，以保持飞行方向。第三，下降过程中，速度过大时，应适当增加带杆量，减小下滑角。

五、平飞、爬升、下降三种飞行状态的变换

（一）爬升转平飞

注视地平仪，柔和地松杆，然后收油门至45%。当地平仪的位置关系接近平飞时，保持无人机稳定的平飞状态。

如果要在预定高度上将无人机转为平飞，应在上升至该高度前10～20米时开始改平飞。

（二）平飞转下降

注视地平仪，稍顶杆，同时收油门至15%。当地平仪的位置关系接近下降时，保持无人机稳定的下降状态。

（三）下降转平飞

注视地平仪，柔和地加油门至45%，同时拉杆。当地平仪的位置关系接近平飞时，保持无人机稳定的平飞状态。

如果要在预定高度上将飞机转为平飞，应在下降至该高度前20～30米时开始改平飞。

（四）平飞转爬升

注视地平仪，柔和地加油门至100%，同时稍拉杆转为爬升。当机头接近预定状态时，保持无人机稳定的爬升状态。

平飞、爬升、下降转换时易产生偏差的原因：①没有及时检查地平仪位置关系，造成带坡度飞行；②动作粗，操纵量大，造成飞行状态不稳定。

需要注意的是，平飞、爬升、下降三种飞行状态变换时，如果推杆、拉杆方向不正，则会干扰其他通道。

六、转弯

转弯是改变飞行方向的基本动作。转弯时,起支配作用的主要是飞机的坡度。坡度形成,飞机即进入转弯;改平坡度,转弯即停止。在一定条件下的转弯中,坡度增大,机头会下俯,速度随即增大;坡度减小,则相反。因此,转弯时注意力主要应放在保持坡度上,这是做好转弯的关键。

多数无人机需要方向舵的参与进行协调转弯,可有效减小转弯半径并减少侧滑。个别需要执行对地正射任务的无人机,必须进行无坡度转弯,此时向转弯方向压方向舵,副翼反打,以保证坡度水平。

(一)平飞转弯的操纵方法

第一,转弯前,观察地图,选好退出转弯的检查方向,根据转弯坡度的大小,加油门至5%~10%,保持好平飞状态。

第二,注视地平仪,协调地向转弯方向压杆扭舵,使飞机形成10°(以此为例)的坡度,接近10°时,稳杆,保持好坡度,使飞机均匀稳定地转弯。

第三,转弯中,主要是保持好10°的坡度。若坡度大,应协调地适当回杆回舵;若坡度小,则适当增加压杆扭舵量。

机头过高时,应向转弯侧的斜前方适当推杆并稍扭舵;机头低时,则应适当增加向斜后方的拉杆量并稍回舵。

当转弯中同时出现两种以上偏差时,应首先修正坡度的偏差,接着修正其他转弯后段,注意检查目标方向,判断退出转弯的时机。

当无人机轨迹方向离目标方向10°~-15°时,注视地平仪,根据接近目标方向的快慢,逐渐回杆。

(二)爬升转弯和下降转弯的操纵方法

爬升转弯和下降转弯的操纵方法与平飞转弯基本相同,其不同点是目视判断,操纵无人机沿预定方向降落在预定的地点(通常为跑道中心)。准确的目测是使无人机在预定着陆点前后一定范围内接地。没有达到这一范围内就接地的,叫目测低;超过这一范围才接地的,叫目测高。

无人机的目测与有人机相比有两大不同:第一,有人机是从飞机上观察着陆场,无人机是从着陆场观察飞机;第二,有人机驾驶员可自行观察仪表参考值,无人机起降操作手是通过地面站人员通告仪表参考值的。

着陆目测须重点决断着陆方向和三四转弯位置。水平能见度大于1 000米,着陆目测由起降操作手决断,三转弯前无人机交与起降操作手控制;水平能见度小于1 000米,着陆目测由飞行操作手决断,四转弯后无人机交与起降操作手控制。

(三)三转弯

第三转弯的时机、角度、高度,都会影响目测的准确性,因此必须认真地做好第三转弯。

第一,三转弯点安排到跑道外侧(即地面站的另一侧)。

第二,三转弯点高度控制在100～150米。

第三,转弯前,注意观察第三、第四转弯之间有无高大障碍物遮蔽视线或干扰通信。同时选择好第四转弯点,作为退出第三转弯的检查目标。

第四,判断进入三转弯时机时,应考虑第四边航线长短,以及航线和着陆标志线交叉与飞机纵轴和着陆标志线交叉所造成的影响,并做必要的修正。

第五,三转弯中,应保持好飞行状态,适时检查空速、高度。转弯坡度为20°,速度为110千米每小时。

第六,退出转弯后,保持好平飞。平飞中应检查高度、速度;检查航迹是否对正预定的第四转弯点,该点距着陆点的距离是否适当;跑道上有无障碍物;观察无人机,判断下滑时机。

第七,当无人机与跑道延长线的夹角为30°～250°时,收油门至合适位置,推杆下滑,保持110千米每小时的速度。要特别注意高度,判断目测,控制好进入第四转弯的高度、位置,判断进入第四转弯的时机。

(四)四转弯

当无人机与跑道延长线的夹角为10°～150°时,进入四转弯。进入时的高度为80～100米,速度为110千米每小时,坡度通常为20°,最大不超过30°。确定进入四转弯的时机,应考虑到第四转弯的角度。如转弯角度大于90°,应适当提前;如果小于70%,应适当延迟。

转弯中,注意无人机接近跑道延长线的快慢和转弯剩余角(跑道延长线与无人机纵轴的夹角)的减小是否相适应。转弯中应保持好飞行状态,适时地检查速度、高度,发现偏差及时修正。

第四转弯进入正常时,当转弯剩余角为30°~250°时,飞机应正好在跑道外侧边线上。如无人机接近跑道延长线较快,而转弯剩余角减小较慢时,表明进入已晚,应立即协调地增大坡度和转弯角速度;反之,则应适当减小坡度,调整转弯半径,以便退出转弯时能对正跑道。

起降操作手做四转弯时,四转弯退出点位置为距着陆点200米,高度30米;飞行操作手做四转弯时,四转弯退出点位置为距着陆点500米,高度60米(以此为例)。

退出第四转弯后,这时起降操作手在控制飞机,飞行操作手向起降操作手2秒1次间隔报空速。起降操作手稍推杆,控制住俯仰状态对准下滑点(下滑点位于距着陆点50米的跑道中线上)。油门收至15%,速度保持在120千米每小时。

当下滑正常时,应注意检查速度。如速度大,表明目测高,应适当收小油门;反之,则应适当加大油门修正。加、减油门时应及时用舵,使飞机不带坡度和侧滑,对正跑道下滑。

下滑至10米高度时,做好着陆准备:检查下滑速度,是否向预定的下滑点下滑,根据目测判断收怠速油门的时机;检查下滑方向,是否对正跑道;观察跑道上有无障碍物。

七、着陆

无人机从一定高度(一般为10米,有人机为25米)下滑,并降落于地面直至滑跑停止的运动过程,叫着陆。着陆分为下滑、拉平、平飘接地和着陆滑跑四个阶段。特别注意:姿态遥控下的拉平,并不是将姿态保持到0°,而是将升降速度控制为0。

(一)下滑阶段

第一,下滑至10米高度时,凭目测判断高度,根据无人机翼展估测,保持好下滑角,判断无人机的高度和接近地面的快慢,以便及时地开始拉平。

第二,下滑至3米高度时开始拉平,根据无人机离地的高度、下沉的快慢和飞机状态,相应地柔和拉杆(姿态遥控为回杆再拉杆),使飞机随着高度的降低,逐渐减小俯角,减小下降率,在0.5米高度上转入平飘。

（二）拉平阶段

无人机转入平飘时（不下沉也不飘起），应稳住杆，判明离地高度。根据无人机下沉的快慢、仰角的大小和当时的高度相应地继续柔和拉杆。

平飘前段，速度较大，下沉较慢，拉杆量应小一些。平飘后段，速度较小，下沉较快，拉杆量应适当增大，随着无人机的下沉相应地增大仰角，在0.2米的高度上，拉成正常两点姿势。

平飘过程中，仍应根据无人机与地面的相对运动，检查与保持好飞行方向，并使无人机不带坡度和产生侧滑。

（三）平飘接地阶段

飞机在0.2米的高度上呈两点接地姿势后，应随着无人机的下沉，继续柔和地拉杆，保持住两点姿势，使主轮轻轻接地（主轮接地时无人机速度控制在80千米每小时，从拉平到主轮接地是一个空速逐渐从110千米每小时减到80千米每小时的过程）。接地的瞬间，由于地面对主轮的反作用力和摩擦力对飞机重心形成下俯力矩，因此必须稳住杆，才能保持接地时两点姿势不变。

（四）着陆滑跑阶段

无人机两点滑跑后，应稳住杆，保持两点姿势，控制方向舵保持滑跑方向。起降操作手报接地信息。随着速度的减小，机头自然下俯，待前轮接地后，将升降舵推过中立位置。

着陆滑跑后段，稳住方向舵并做微量修正，保证无人机沿中心线滑行，在速度小于40千米每小时后刹车。

任务3 飞行后维护与保养

无人机的日常保养和维护，对于无人机的飞行安全和寿命延长来说，至关重要。轻视乃至无视无人机的日常保养和维护工作，难免会出现无人机的零配件受损、缺失后毫不知情的情况，从而影响无人机的正常飞行活动，且在飞行期间容易出现发动机熄火、电池异常等情况，甚至引发无人机炸桨、炸机等问题。

无人机的日常保养和维护，除了认真做好每次飞行结束后的全面检查，发现损坏的零配件及时维修或更换外，主要是要做好无人机的机身、电机、电池、螺旋桨、减震球等的日常保养和维护工作，确保无人机性能良好，始终处于适航状态，执行飞行任务时安全无恙，使无人机的寿命得到延长。

一、无人机机身的养护

目前，大多数无人机的机身采用碳纤维材料制成，以保护无人机内部电路不被外界环境腐蚀。机身一般都设有散热孔，正是这些小的孔隙，让机身受到腐蚀且难以清理，雨、水、沙尘等会通过此孔隙进入机身内部。若不及时清理保养，日积月累便会对无人机产生严重的影响。

无人机机身的养护，主要是做好下列几个方面的工作。

第一，检查机身是否出现螺丝松动；检查机臂是否出现裂痕或破损，发现裂痕或破损，应当更换或者寄回检测维修。

第二，查看减震球的外层，如有变硬或者开裂等老化迹象，应及时更换，以免影响航拍效果。

第三，检查GPS上方以及每一个起落架的天线位置，发现贴有带导电介质的贴纸等影响信号的物体，及时清除。

第四，对可变形系统的机架结构进行检查，看看变形组件在变形过程中是否正常顺滑。如有污染或异物，需要及时清理；组件若有受损，必须及时返修。

第五，避免在有沙土或者碎石等小颗粒存在的环境里起飞；若不得已起飞，飞行结束后要及时清理无人机孔隙周围，确保机身以及内部干净。

第六，如果在雨雪或者雾气较大的天气使用无人机，用完后立刻断电擦干，并且风干或者放到防潮箱吸潮，确保湿气除净。

二、无人机电机的养护

无人机电机的养护工作，包括清擦电机，保障各部位的螺丝牢固、完好，以及电器转动正常。

第一，经常清擦电机机座外部的灰尘、油泥。无人机飞行的环境灰尘较多的，每次飞行之后必须清擦一次无人机。

第二，检查和清擦电机接线处，发现接线盒接线螺丝松动或烧伤，及时处置。

第三，仔细查看无人机上各个固定部分的螺丝，将松动的螺母拧紧。

第四，用手转动转轴，检查电机转动灵活与否，有无异常的摩擦、卡阻、窜轴或响声。同时，检查电机上的各部件是否完备。如果通电之后某个电机不转或者转速很慢或有异常杂音，应立即断电检修或返修；否则，通电时间较长，极有可能烧毁电机，甚至损坏控制电路。

三、无人机螺旋桨的养护

螺旋桨是无人机的快速消耗设备之一，若养护不当，在日常飞行过程中即使不发生炸机现象，也有可能会炸桨。因此在每次飞行之后，都应该查看桨叶外观，若有弯折、破损、裂缝等迹象，必须更换。

四、无人机遥控器的养护

第一，不在潮湿、高温的环境中使用或者放置遥控器，以免遥控器内部的元件损坏或者老化，导致遥控器外壳变形。

第二，避免遥控器受到强烈的震动，或从高处跌落，以保障内部构件的精度不变。

第三，无人机飞行后，注意检查遥控器的天线是否有损伤、遥控器的挂带牢固与否，以及与航拍器的连接有无异常。发现问题及时解决，不能解决的联系售后处理。

第四，无人机在使用或者存放过程中，尽量不要“弹杆”。①

第五，检查遥控器的各个接口处，看是否有异物或者接触不良的情况。

第六，注意遥控器的电量，确保使用期间不缺电源供应。

五、无人机云台相机的养护

为了保证正常使用与良好的拍摄效果，云台相机配件的养护工作不可马虎。

①李发致．无人机技术原理[M]．北京：高等教育出版社，2020.

第一，使用一段时间后，必须检查云台相机的排线是否正常连接。

第二，查看金属接触点是否氧化，云台快拆部分是否松动，风扇噪声是否正常。如果金属触点氧化，可用橡皮擦清洁。

第三，相机镜片被污损后，可用镜头清洁剂清洗，不要用手直接触摸。

六、无人机电池的养护

无人机装备中，消耗量最大的是电池。对于电池的养护，应当遵循“六不”原则，即不过充、不过放、不满电保存、不损坏外皮、不短路、不着凉。这样，方可延长电池的使用寿命。

第一，无人机使用前，首先检查电池是否可以使用，观察电池外观有无鼓包。保护壳内的无人机专用电池，如果安装不紧密有松动，很有可能是电池膨胀将保护壳挤变形了。

第二，经常外出航拍的无人机，应注意温度对电池的影响。在低温地区使用时，应给电池做好“保暖”和“热身”工作，以减少电量突然降低的情况。极端温度环境对电池的伤害非常大，冬天过冷和夏天过热的情况，都会导致无人机续航时间缩短。不要在热源附近使用或存放电池，如阳光直射、大热天的车内、火源或烤火炉旁。电池理想的保存温度为22℃～28℃，切勿将电池存放在低于零下10℃或高于45℃的环境下。

第三，长时间不用的无人机，应把电池放在阴凉且干燥的地方保存。电池每隔大约3个月或经过约30次充放电后，需要进行一次完整的充电和放电过程再保存，以保证电池的最佳工作状态。定期检查智能飞行电池寿命，当电池指示灯发出低寿命报警时，必须更换新电池。

此外，为了保障无人机日常养护的工作质量，必须使用合适的养护工具：柔软的擦布、柔软的小清洁刷、气瓶或气球、异丙醇等。

把无人机拆开来进行大扫除的时候，柔软的擦布必不可少，它可以和异丙醇协同工作，完美配合。柔软的小清洁刷用于清除无人机缝隙中的沙尘，能用清管器当然更好。气瓶或者气球用于清除无人机“敏感部位”的尘垢（如电机或电路板旁边的灰尘）。使用异丙醇清洁剂，可以去除污垢、草渍、血渍等绝大部分顽渍，且不会损坏电路，让无人机的外壳光洁如新。

第三关 带着无人机去航拍

导读

当代社会迅速发展，航拍机器也在不断更新换代，近些年来，随着无人机行业的兴起，越来越多的科技人员投入到对无人机的研究和开发中，使得无人机技术不断向前发展。航拍，又称空中摄影或航空摄影，是指从空中拍摄地球地貌，获得俯视图。航拍的摄像机可以由摄影师控制，也可以自动拍摄或远程电子操控。本关主要从无人航拍图片和视频的技术入手，简述了在无人机航拍图片和视频过程中的一些技术手段和创作技法。随后介绍了在完成无人机航拍图片和视频之后的后期制作和处理技术，让我们能更加全面地学习无人机航拍技术的应用。

闯关说明

在进行本轮的学习之前，我们需要带着以下关卡问题去完成闯关任务，进而深入地学习无人机航拍图片和视频技术。

(1)无人机航拍图片需要进行哪些操作？进行无人机航拍图片的技巧有哪些？

(2)用无人机拍摄视频的过程中怎样取景和进行镜头调整？常用的镜头类型有哪些？

(3)无人机航拍成果需要进行哪些处理？处理的软件有哪些？

任务1 航拍图片

一、航拍技术的发展历程

(一)早期的航拍

1858年,法国摄影师纳达尔拍摄了人类历史上第一张航拍照片,自从摄影技术出现后,不断有摄影师尝试各种方法升空拍摄,公认的首张航拍照片载具是简易的载人热气球。早期的摄影技术有着烦琐的曝光操作和底片冲洗流程。因此,为了这张航拍照片,纳达尔克服了重重困难,他在热气球上建造了一个简易暗室,在多次尝试后,终于成功地拍到了第一张航拍照片——从80米高空俯瞰巴黎近郊的农村。不幸的是,这幅具有划时代意义的航拍照片并没有留存到今天,我们只能在当时的报纸描述中寻找它的踪迹。纳达尔热气球航拍的成功尝试极大地激发了同时代的摄影家们的航拍热情;同时,高空俯瞰视角的航拍照片也吸引了军方的注意力。

得益于照相机的小型化和载人热气球技术的不断升级,航拍热气球在随后的十几年里成了航拍的主流。如今,我们现在仍能够看到很多当时的航拍作品,其中最早的是1860年詹姆斯·华莱士·布莱克使用相对小型化的相机,乘坐热气球拍摄的《波士顿,鹰与大雁眼中的它》。当时的美国正在经历南北战争,时任总统兼北方军领袖的亚伯拉罕·林肯注意到了航拍技术的战略意义,命令北方军迅速组建航拍侦察部队,采用热气球搭载侦察兵,飞到阵地上空,对南方军战略部署与地面设施进行航拍侦察,取得了很好的效果。航拍技术在侦察领域的成功获得了军方的重视,但热气球航拍技术的移动性差、拍摄角度小、可靠性低。为了改变这一现状,发明家进行了各类航拍载具的尝试,在20世纪以前,航拍的主要载具是无牵引热气球、风筝。

得益于照相机的进一步小型化,1903年,德国摄影师朱利叶斯·纽布朗诺在信鸽身上固定了小型相机,在鸽子飞行过程中定时曝光,获得了一系列自由视角的航拍照片。虽然这类照片的拍摄无法由人控制,但鸽子航拍自由的飞行轨迹,奇特的视角,在艺术摄影领域获得了许多赞誉。这种基于鸟类载体的航拍技术，因为具有隐蔽性好、可靠性较高、成本较低等特点，被军方运用于侦察活动中，鸽子侦察兵的身影逐渐出现在各国军营中。如果说，热气球与风筝航拍，解决了航拍从无到有的问题，那么鸽子作为新型的航拍工具，赋予了航拍画面灵活性，将航拍从固定视角中解放出来，象征着航拍技术的又一次进步。但同时，鸽子航拍的缺点也十分明显，如人们无法选择被拍摄景物和画面构图。

在莱特兄弟造出“飞行者一号”前，发明家们对航拍有着各种各样的尝试，炸药之父阿尔弗雷德·诺贝尔曾尝试制造火药动力的火箭，搭载相机进行航拍，但这些航拍器很快就被飞机取代。莱特兄弟发明的飞机成功开启了人类动力航空时代，快速发展的飞机将之前出现的各类航拍载具淘汰，航拍具备了可控性、灵活性，现代航拍的雏形正式出现。载人机航拍的可靠性大大增加，广泛地应用于军事和社会生活中，航拍技术依托于飞机，走上了一条快速发展的新路。

（二）载人机航拍

飞机被发明后，很快就被应用于军事领域，莱特兄弟也参与到航拍的早期工作中（军事侦察）。威尔伯莱特在1909年驾驶双座飞机，载着一名专业摄影师，在飞机上拍了一组军事基地的航拍画面。这种清晰度、可靠性、灵活性全面迭代的航拍方式吸引了军方的注意，各国均引进飞机航拍作为侦察技术。可见，飞机的发明，最纯粹的动机是飞翔于天地间，自由地俯瞰万物。而且在这一时期，航拍的人员组成发生了变化，飞行器驾驶员不再兼任航拍摄影师，航拍作为一种技术手段，人员构成更加专业化、精细化，现代的航拍基本上延续了这个模式。这种使用固定翼飞机的载人航拍方式可以根据需要规划飞行路线，且有专业人负责拍摄，内容可选择性更强、质量更高，但这种航拍方式仍存在明显的缺点，如固定翼飞机无法悬停，飞行高度不能过低，起落地点要求较高等。

由于军事的需求，航拍技术在飞行器和相机领域取得了进一步的发展，直升机这一构想终于实现，使得航拍摄像机成像质量进一步提高，载人机航拍的模式逐渐成熟，并延续至今，自此之后，由战争带动的航拍技术逐渐走出军营，在影视领域大展拳脚。航拍带来的俯瞰视角被广泛地运用在纪录片、电影中。1927年,美国电影艺术与科学学院举办了第一届奥斯卡金像奖评选,其中,电影《Wings》获得了最佳影片。片中大量使用了航拍镜头,将摄影机带上天空,从飞机驾驶员的主观视角,将飞机在空中的机动动作真实展现在荧幕上,征服了评委和观众。虽然《Wings》是一部故事片,但因为航拍镜头在当时的技术条件下不可模拟,片中很多镜头,采用实拍的方式展现,包括飞机飞行、投掷炸弹、飞机坠毁等场景。这些画面虽然包含在电影中,但片中航拍镜头在真实性层面与纪录片并无区别,我们在今天得以借由此片一窥当时航拍技术的巅峰。

直升机航拍由于技术起步较晚,早期直升机剧烈的机械震动对航拍画面的成像造成极大的影响,直到20世纪60年代,稳定器的出现才使这一状况得以改善,直升机航拍技术形成了"直升机+稳定器+摄像机"的现代拍摄体系,真正在技术层面满足了航拍镜头的自由俯瞰视角,直升机航拍形式在后续的各类航拍作品中占据主流。

为了追求理想的画面效果,载人机航拍的工作环境有时十分危险,许多专业人士在拍摄中遭遇空难。例如,赵群力生前曾任凤凰卫视中文台副台长,是中国新闻航拍第一人。他在驾驶固定翼飞机拍摄时,不幸遭遇空难殉职。航拍纪录片《看见台湾》导演、金马奖获得者齐柏林,乘坐的直升机在勘景的过程中坠毁,机组成员全部罹难。这些惨痛的现实时刻警醒着人们,同时,为了更安全地进行航拍,无人机航拍应运而生。

(三)无人机航拍

无人机航拍的雏形出现在21世纪,起初只是航模爱好者的一种尝试,将小型相机固定在飞机模型上,飞机模型主要是螺旋桨固定翼飞机和直升机两种,这两类模型继承了"真身"的所有缺点,固定翼只能拍摄飞掠型照片,直升机画面稳定性不足,并且最大的问题是,无法实时观察画面,只能粗略地"盲拍"。

杨葆华教授在研究中对2000年左右相对先进的无人机航拍设备进行了简要描述:"山东省水产集团公司从日本定购了一架大型航模遥控飞机,该飞机的最大载重为13公斤,极限飞行时间为15分钟,飞行高度大约是300米(最大载重时)……在飞机上挂载松下DVCPRO摄像机,在稳定装置上装有控制摄像机运动的马达，可以使摄像机做上下180°的俯仰运动和水平360°的旋转，同时俯仰和旋转速度可以随意控制。”可见当时的先进航拍无人机已经具备了当下航拍无人机的基本功能。杨葆华教授也提出了这种航拍无人机的缺点：“载重太小，通常只有几公斤，飞行时间太短，最长飞行时间不足20分钟，同时没有飞机的飞行数据，无法对飞机进行更为精确的定位，给拍摄带来了一定的困难。”现在看来，航拍无人机经过十几年的发展，已经克服了其中的部分问题，如航拍摄像机进一步小型化、飞行时长增加、应用了GPS定位与陀螺仪姿态定位等。

无人机航拍所需要的诸多技术早已在军事领域成熟使用，无人机航拍设备在2010年前后快速发展，配备了飞行控制器、实时画面传输、电动云台的新型航拍无人机开始进入市场。意大利Arduino公司、我国大疆创新公司、美国3D Robotics公司等，确定了多旋翼无人机的基本模式，并在此基础上开发了独有的飞行控制系统，以增进无人机飞行的稳定性。在解决飞行器本身稳定性的同时，研发小型化的摄像设备，通过电动云台实现镜头的旋转俯仰调整，这些新型航拍无人机具有传统航拍飞行器无可比拟的优势，主要体现为机身小巧灵活、起落地点要求低、操作难度低、拍摄成本低、安全性高。无人机航拍家族迅速壮大，在几年内不断更新迭代，无人机飞得更稳、摄像头画幅更大、操作系统更智能，迅速地补充了直升机航拍的空白区域，极大地降低了航拍制作的门槛，一定程度上重构了航拍的话语体系。无人机航拍在电影、纪录片、新闻、综艺、电视剧、宣传片中大量运用，诞生了一大批优秀的艺术作品，航拍进入了广泛普及时代。

二、航拍图片的相机设置

（一）对焦

一张照片是否成功，首先取决于对焦。焦点是画面中最清晰的部分，也是摄影师让观众关注的重点。常见的对焦方式有手动对焦和自动对焦两种。

1. 手动对焦

手动对焦通常指人们在拍摄时，通过手动旋转镜头的对焦环进行对焦，一般用“MF”来表示。手动对焦可以解决自动对焦有时候难以合焦、对不准拍摄主体的问题，也可以按照摄影师的拍摄意图刻意选择合适的焦点。

对于航拍相机来说，由于镜头在无人机上，当然不可能手动旋转，但仍然可以使用手动对焦模式，在工作界面把相机对焦模式设置成“MF”，然后调节屏幕上显示的对焦滑动块至画面清晰为止。

2. 自动对焦

自动对焦指人们在拍摄时，将对焦任务交由相机自动完成的对焦方式，一般用“AF”或“AF℃”来表示。

自动对焦常用的有两种方式：对于静止的画面，可以使用单次自动对焦，相机锁定对焦点后即可开始拍摄；对于运动画面，由于拍摄主体处于移动状态，可以使用人工智能伺服自动对焦，由相机对拍摄对象进行连续对焦。

无人机航拍时一般与拍摄主体距离较远，且常处于运动方式，在自动对焦模式下，相机会跟随拍摄主体运动或静止状态选择合适的自动对焦方式，让画面整体保持清晰。

（二）光圈、快门与感光度

控制照片亮度的因素有三个，即光圈、快门、感光度。其中，光圈和快门速度的组合称为曝光值，它们和感光度一起，决定了一张照片的亮度，同时各自还对照片产生一些其他的影响。通过对这三者的调节，可以使照片亮度适宜，不会太暗也不会过亮，即获得合理的曝光值。

1. 光圈

光圈指镜头的通光孔径，是镜头上控制进光量的装置，简单来说，光圈是镜头中央的孔，这个孔的大小决定了镜头单位时间进入光线的多少。孔越大，单位时间进入的光线量就越多。

光圈的大小可以用一个诸如f/2.8、f/5.6、f/11的数字来表示，这称为值，f值越小，镜头的光圈越大，即光圈的数值越小，光圈孔径越大。完整的光圈值系列如下：f/1.0，f/1.4，f/2.0，f/2.8，f/4.0，f/5.6，f/8.0，f/11，f/16，f/22，f/32，f/44，f/64。

光圈的大小将直接影响到航拍摄影师拍摄数码照片的成像质量。航拍相机，以大疆创新产品为例，DJI Phantom 4和Inspire 1（X3相机）的最大光圈为f/2.8,焦点无穷远；Inspire 1 Pro(X5相机)和Inspire 1 RAW(X5R相机)的光圈范围为f/1.7 ~ f/16,对焦范围为20毫米到无穷远。

在相同的快门与感光度条件下,光圈f值越小,光圈越大,进光量越多,画面越亮。

光圈不但可以控制曝光,还可以控制景深。所谓景深,是指相机在对焦完成后,在焦点前后的范围内都能形成清晰的像,这一前一后的距离范围,通俗地讲就是画面从前到后的清晰范围。通过调整光圈的大小,可以控制照片的背景虚化程度,得到不同清晰范围的照片。

光圈与景深的关系是:光圈越大,焦平面越窄,景深越浅,画面中的背景越模糊;光圈越小,焦平面越宽,景深越深,画面中的背景越清晰。景深深浅受到光圈镜头及拍摄物的距离的影响。航拍相机通常在近距离拍摄主体时才使用浅景深(如f/8、f/16等),航拍风光及全景时,在光线充足的情况下,使用小光圈深景深,能够获得整体清晰的图像。①

2. 快门

快门,即快门速度,是拍摄照片时控制曝光时间长短的参数,用于控制相机曝光的时间。表示快门时,一般用相应的表示时间的数字来进行设定,如1/125秒、1/60秒、2秒等。

光圈与快门的关系就像打开水龙头往杯子里倒水,水龙头相当于光圈的孔,装满一杯水所需要的时间相当于快门。水龙头开得越大,单位时间内倒入的水就越多,装满一杯水所需要的时间就越短。在光圈和感光度不变的情况下,快门速度越慢,曝光的时间越长,进入镜头的光线就越多。

在实际拍摄中,有经验的摄影师往往通过对快门的调节来实现不同的效果。比如,用低速快门来拍摄流水,可以获得如丝如雾般的效果,拍摄夜间行驶中的汽车,可以记录由车灯照亮的行车轨迹;用高速快门来拍摄运动的人或物,可以凝固主体运动的瞬间。

3. 感光度

感光度,又称ISO,是胶片对光线的化学反应速度。在数码时代,调整感光度,其实就是控制感光元件对光线的敏感程度,继而控制曝光。感光度用

①张平梅. 无人机航拍图像定位研究[D]. 南京:东南大学,2021.

ISO加数值来表示，如ISO100、ISO400、ISO1600等。ISO200胶卷的感光速度是ISO100的两倍，即在其他条件相同的情况下，ISO200胶卷所需要的曝光时间是ISO100胶卷的一半。在数码相机内，通过调节感光度的大小，可以改变光源的多少和图片亮度的数值。因此，感光度也成了间接控制图片亮度的参数。ISO值越高，接受的光量也就越多，在相同的光圈与快门条件下，画面会随着感光度增加而明亮。

感光度对摄影的影响表现在两方面。其一是速度，更高的感光度能获得更快的快门速度；其二是画质，越低的感光度带来更细腻的成像质量，而高感光度的画质则是噪点（也叫噪音、颗粒感）比较大。ISO越高，噪点越明显，甚至对色彩也有影响。所以，为了保证画面质量，我们在昏暗的场合可以提高ISO值，但尽量控制在可接受的范围内，如ISO1600以下；在光线充足的时候，尽量使用低ISO值，如ISO100。

不同ISO设置对于图像画面质量的影响如下所述。

（1）ISO100、ISO200

低ISO设置提供有着良好的细节和层次过渡的最好的全画面影像质量，噪点接近于没有。

（2）ISO400

ISO400，在阴天、冬天甚至室内拍摄条件下，常常取得噪波和感光度之间的平衡。航拍相机噪波的水平在这一设置下，影像的色彩和细节维持在高水平上。

（3）ISO800以上

一般来说，相机在具有的最高ISO设置下，使拍摄者能够在非常弱的光线下或者用极高的快门速度拍摄。但是，在这种ISO值上噪波很明显，照片的细节和颜色过渡都在下降。通常在光线过弱无法摄影的情况下，航拍摄影师才使用这些设置。

（三）曝光补偿与包围曝光

1. 曝光补偿

无人机摄影摄像参数的设置模式通常有两种，即自动（AUTO）模式和手动（M）模式。在使用自动模式拍摄时，相机会对被摄体的亮度进行测光，按照自己的判断，自动演算出相机认为合适的光圈、速度和ISO组合。有些场景下，相机自动设置的曝光参数并不准确，这就需要我们通过调整EV(曝光补偿)值进行修正，将画面还原为肉眼实际看到的亮度。

曝光补偿是在自动模式拍摄时进行曝光控制的方式，常见设置是在±0～3EV。如果照片偏暗，可以设置正向曝光补偿值(如调整为+1EV、+2EV)，如果照片偏亮，可以设置负向曝光补偿值。

进行曝光补偿时，如果照片过暗，要增加EV值。EV值每增加1.0，相当于摄入的光线量增加一倍。如果照片过亮，要减小EV值。EV值每减小1.0，相当于摄入的光线量减小一半。正确曝光的照片在画面最黑的阴影和明亮的高光处都有着丰富的细节。

简单地说，设置曝光补偿，只要掌握"白加黑减"的原则就可以了。拍摄白色为主的场景，如亮部区域较多的物体、强光下的水面、雪景等，这时候相机会得到"白色""明亮"的信息，从而减少曝光量，导致画面欠曝变暗，此时为了让照片变亮，可以进行正向曝光补偿。拍摄黑色为主的场景，如暗部区域较多的密林、阴影中物体和黑色物体等，这时候相机会得到"昏暗"的信息，从而增加曝光量，导致画面过曝变亮，此时为了还原被摄体本身的颜色，需要进行负向曝光补偿。另外，摄影师也可以根据自己的拍摄意图和喜好，运用曝光补偿功能自由地调整画面亮度，在逆光等光线反差大的场景下进行摄影创作。

需要注意的是，如果调节了EV值，完成相关拍摄后要记得及时归零，否则会造成其他拍摄场景的曝光不准确。

在使用手动模式(M挡)拍摄时，曝光补偿是不可调的。某无人机产品在手动模式下也会自动显示EV值，这时是"曝光指示"的意思，显示当前手动设置的拍摄参数与自动测光参数的差值。+EV表示画面偏亮的程度，-EV表示画面偏暗的程度。在环境光线不复杂的情况下，建议尽量保持在±0.3EV以内的水平。

2. 包围曝光

包围曝光是指一次拍摄后，相机以中间曝光值、减少曝光值和增加曝光值的方式，形成三张或者五张不同曝光量的照片。

包围曝光适用于拍摄光源复杂、相机不易正确测光的场合，如大型庆典活动等现场有复杂的舞美灯光设计的场景。以大疆创新产品为例，在DJI GO App航拍菜单设置中，选择AEB包围曝光，拍摄三张等差曝光亮度的照片，分别为曝光不足一级、正常曝光、曝光过度一级，三张照片分别完整保存了拍摄物体亮部、中间部分以及暗部的画面细节，从中挑选出合适的照片，再辅以后期制作，就得到了一张无论是其暗部还是亮部都没有溢出的画面。

（四）直方图、白平衡与宽容度

1. 直方图

直方图是用来体现图像亮度分布的图表，它显示了画面中不同亮度对象所占的画面比例。横向代表亮度，纵向代表像素数量。直方图是一种柱状图，纵向上的高度代表像素密集程度，高度越高，代表分布在这个亮度上的像素就越多。直方图可以用来诊断航拍画面的曝光问题。

直方图的规则是“左黑右白”，即左边代表暗部，右边代表亮部。

第一，曝光“正常”的照片，直方图应该是中间高两边低。

第二，像素的波形集中在直方图右手边，通常意味着曝光过度。

第三，像素的波形集中在直方图左手边，通常意味着曝光不足。

第四，对比度在直方图上的体现是高光和阴影部分都有像素，缺少对比度的图片整体显示偏灰。

当航拍摄影师通过电子设备屏幕监看航拍画面时，由于其尺寸及可调节的亮度等因素会使显示的影像与真实影像之间出现差异，加之受外界光线的影响，肉眼往往不能够准确地判断拍摄画面是否已经正确设置了曝光。此时可以依靠直方图分布及EV值来综合判断并及时调整。

2. 白平衡

白平衡是通过图像调整，使得在各种光线条件下拍摄出的照片，其色彩与人眼所看到的景物色彩完全相同。无论环境光线如何，白平衡是为了保证色彩还原的准确性，仍然把“白”定义为“白”的一种功能。

在生活中，日光的色温是不断变化的。白平衡的调节，主要是在不同环境下，通过改变色温值，使得相机消除或减轻由于色温变化带来的色差值，还原颜色。在非特殊环境下，摄影师通常使用AWB，即自动白平衡进行拍摄。

白平衡有很多另类的用法，如利用不同的白平衡值会使照片产生偏色这一特性，航拍摄影师可以使作品产生一些特殊效果，这往往比使用滤色镜之类的小附件更加自然。

掌握了白平衡，照片才会有准确的色彩表现。为了适应不同的场景拍摄，一般白平衡有多种模式，如自动、晴天、阴天、白炽灯、荧光灯、自定义（可调节色温）等模式。拍摄RAW格式的照片，可以在后期编辑时无损调节白平衡，而JPEG格式的照片，虽也可后期调节色温，但会导致画面的细节受损。

3. 宽容度

宽容度指的是相机能够正确容纳景物亮度反差的范围，是一张照片记录最亮和最暗细节与层次的能力。宽容度高，最亮和最暗的光差的展现会比较广阔，不同光度的画面细节就能够被完好地保留下来；而相反，宽容度低的，光差的展现局限在一小区域之内，在这区域之外的画面将不被记录。

在风光摄影中，相机的宽容度会影响照片的细节表现。

三、航拍图片的用光与色彩

（一）光线的种类

摄影是光的艺术，要拍出好的摄影作品，我们需要了解光线的特点，这样才能运用不同光线的性质、方向，并掌握得到不同光线的时机。由于照明方向、色彩、光质（如阴天或直射阳光）以及反差效果的改变，一些景物随不同的天气条件或一天当中时间的改变而改变。出色的航拍照片往往是因为航拍摄影师“精心”考虑了拍摄的时机、角度，合理选择了照明条件。

按光线照射到被摄体的路径，可以将其分为“直射光”和“散射光”，或者“硬光”和“柔光”；按光线与拍摄角度之间的关系，可以分为“顺光”“侧光”“逆光”“顶光”等。

1. 直射光

我们把方向明确、产生的影子明显的光叫作“直射光”。直射光的光源直接照射在被摄体上，如晴朗天气下的阳光、通过聚光灯照射在舞台上的灯光等。航拍光源多数情况下为自然光，即阳光。

照射到被摄主体上的光线的性质，通常分为“硬”和“柔”两种。直射光具有质感硬朗、立体感强、色彩鲜艳的特点，照射在被摄体上时，亮部和暗部，即受光部分和背光部分的对比非常明显，反差非常大。强烈的明暗对比给人以“硬朗”的印象。画面的线条通常由影子产生。清晰的轮廓和明显的影子容易突出景物的立体感。最硬的自然光来自晴天的太阳，物体因而投下明确的、边缘清晰的影子，使航拍影像上产生强烈的线条和纹路。

光线的方向将时刻影响着我们拍摄主体的实际效果，影响到我们照片的光构图。在拍摄时，要根据不同的光源不断改变主体或者我们自己的位置。在拍摄直射光环境下的画面时，准确曝光有一定难度，相机的自动曝光模式往往会失效，这时就需要摄影师手动设置曝光参数。根据拍摄意图，可以设置亮部和暗部细节兼顾的准确曝光，也可以在反差过大的情况下选择侧重亮部细节的曝光值，让暗部形成剪影效果，或者选择侧重暗部细节的曝光值，让亮部轻微过曝。简单地说，别让最亮的细部“毛掉”，或者说别让希望保留的暗部细节丢失。

2. 散射光

我们把方向不明确、产生的影子不明显或不产生影子的光，叫作“散射光”。散射光从光源经过反射间接照射在被摄体上，如阴雨或多云天气下通过云层多次反射的阳光，室内、阴影下的反射光等。

散射光具有柔和唯美、真实感强的特点，照射在被摄体上，被摄体的轮廓、形状和色彩能够清晰地展现出来，细节清晰、层次丰富，且不受阴影的干扰。鲜艳的色彩、清晰的线条给人以“温柔”的印象，柔和光线可保留拍摄主体的形态和色彩，没有复杂阴影干扰的均匀照明条件能最大幅度地展现所有信息，适合表现唯美风格的人像、色彩鲜艳的花海、细节丰富的建筑物等。

最柔和的光线来自全阴天的天空。阴影不明显或常常不存在，画面中的线条和形态只是由景物本身形成的。有薄雾朦胧的阳光也会产生一种不硬不柔、半散射的光照效果，特别适合人像拍摄。突发的降雨常常会打乱拍摄计划，不过不要因为下雨就立即收拾航拍设备打道回府。风雨过后雾气会大大消散，空气的通透度会更高，景物颜色的饱和度也会提高。抓住山雨间隙或等待雨后航拍，经常会有更大的收获。如果运气好的话，还有可能遇到彩虹。

3. 顺光

正面投向被摄体的光为顺光，其投射方向和拍摄方向相同。在顺光环境下，被摄体受光均匀，大部分光照充足，其阴影被景物自身遮挡，不会产生明显的明暗对比，而且难以分辨出图像元素的轻重；但同时，画面色彩鲜艳、明亮，细节得到充分展现，主体清晰，曝光很容易控制。

顺光常用于主体和背景均清晰的场合，但视觉元素的重点不够突出，画面的立体感也会有所欠缺。

4. 侧光

侧面投向被摄体的光为侧光。被拍摄主体面向光源的一面会非常突出；相反，背向光源的一面则会被削弱。其投射方向和拍摄方向成一定夹角，常见的有45°前侧光和190°侧光。

在光线投射方向和拍摄方向成45°夹角的前侧光环境下，被摄体有明显的明暗差别，立体感强，由明到暗的很多细节都能体现出来，画面自然和谐，影调丰富，可突出被摄主体的纹理细节，如峭壁、山崖、沙滩这类主题，是较常用的一种光线环境。

在光线投射方向和拍摄方向成90°夹角的侧光环境下，被摄体有极强的明暗反差，立体感很强，使得被摄物体的结构被强调出来，画面有较强的视觉冲击力，线条刚硬，适合于表现棱角分明的景物，有时也可用于表现花卉的通透感。使用侧光进行航拍时，要注意硬光的使用。因为消费级无人机相机的宽容度低，如果使用硬光，要注意适度，否则被拍摄主体处于暗部的面部细节将得不到任何体现。使用柔光会使明暗过渡比较自然。

5. 逆光

背面投向被摄体的光为逆光，其投射方向和拍摄方向相反。在逆光环境下，被摄体的影子出现在景物的前方，正面不能得到正常的曝光，其细节层次将流失，但亮部与暗部的分界清晰，易于表现轮廓。

在逆光拍摄时，遵循的一般经验规则是：为了正确曝光的主体，而容忍过亮的背景；或者准确地曝光背景部分，被摄主体前的景物会曝光不足。逆光常用于渲染气氛，忽略景物或建筑物的局部细节，制造明暗对比极强的剪影效果，也可以拍摄透明景物。

6. 顶光

从被摄体正上方投向被摄体的光为顶光。正午的阳光是最常见的顶光环境。在顶光环境下，被摄体的影子出现在景物的下方。从空中俯拍，影子就会消失，照片就会显得平静、自然；从正面平拍，阴影就清晰可见，用得好阴影照片会显得很有趣味，用不好阴影会对主体产生干扰。

（二）一天中不同时段的光线

大多数航拍作品是在“现有光”的条件下完成的。现有光是指对航拍主体而言，此时已经存在的自然光或人工光照明，而不是那些完全可控的闪光灯或影视照明灯具。一天当中，太阳围绕地球移动着位置，阳光的颜色也在黎明和黄昏间发生着变化。另外，受到天气或其他大气条件的影响（如雾气、烟尘），照明条件也存在不同。了解不同时刻光线的特点，有助于我们选择符合创作意图的拍摄时刻。

如果可能的话，拍摄者要提早做出计划，这样可以在光线恰能反映景物的特征并产生理想的气氛时，正处于有利的拍摄位置上。

1. 日出之前

日出之前半小时，这时候天蒙蒙亮，没有阳光直射，光线柔和，景物会呈现冷色调，适合表现静谧、干净、清爽的主题。由于光线较暗，需要适当延长曝光时间。

2. 上午八九点和下午三四点

上午九点之前和下午三点之后是侧光拍摄的好时机，也是航拍常用的时段。这时候光线明亮，比较容易获得准确的曝光值，景物有质感，影子也自然。拍出来的画面层次丰富，色彩艳丽。这个时段也适宜拍摄利用光影表现的作品。可以将影子安排在突出的地方，让影子成为被摄主体，利用较亮的拍摄环境对黑色的影子进行衬托，强烈的对比色效应会吸引观者视线，使照片产生强烈的视觉冲击力或增添趣味。

3. 正午

无论是航拍还是普通的数码摄影，正午都是它们较少用的拍摄时段。这个时候日照强烈，阳光从头顶直射，画面容易显得平淡。

4. 日落之前

日落之前，天空中常有暖色调的云彩。这个时候太阳角度很低，可拍摄长长的影子，或通过被摄体剪影营造氛围，还可直接拍摄太阳。当日光渐渐变暗时，景致每分钟都在发生着变化。在天空中尚有足够的日光可辨认地平线，而大多数建筑中的灯光已经点亮，这段短暂的时间对拍摄风光照片非常有利。此时，也是拍摄水面、倒影的一个很好的时机。日落之前由于光线强度较弱，色调偏暖，所以在拍摄草地和麦田等较为平缓的景物时，会给人以温暖柔和的感觉。因此，日落之前是拍摄风光的好时段。

5. 日落之后

日落之后，天空呈蓝色，城市的灯光已亮起，这时候适合拍摄美丽的城市夜景。可运用慢门拍摄夜幕落下的过程、云彩的变化以及车辆运动的轨迹等。

6. 夜晚

当天空已全黑，拍摄目标有所局限，适合拍摄城市的灯光、焰火和延时俯拍道路上的车流。

(三)色温与色彩

1. 色温

在摄影中，我们通过一个可以测量的单位——色温(K，开尔文温度)，来表示光源的颜色。当色温较低时，光源发出红黄波长更多的光线，而缺少蓝色波长的光线。比如，蜡烛光和日落时色温为2 000K，正午的直射日光色温为5 400K，只有蓝色的天空光照射到的阴影中色温为12 000K。色温的高低与颜色的冷暖恰恰相反，低色温产生“暖”的红色，而高色温产生“冷”的蓝色。

2. 色彩

色彩是光从物体反射到人的眼睛所引起的一种视觉心理感受。色彩本身并无冷暖的温度差别，是视觉色彩引起人们对冷暖感觉的心理联想。人见到红、橙、黄、红紫等暖色后，容易联想到太阳、火焰、热血等物象，产生温暖、热烈、危险等感觉；人见到蓝、绿、蓝紫等冷色后，容易联想到太空、冰雪、海洋等物象，产生寒冷、理智、平静等感觉。利用人对冷、暖不同色调的感受,可以确定摄影作品的主色调,达到作者想表达的创作效果。

具体到不同的色彩,会给人不同的视觉体验,当某一种色彩为主基调时,可以营造特定的情感氛围。如红色代表热情、喜庆、危险与不安,黄色代表辉煌、高贵、希望与活力,蓝色代表宁静、理智与安详,绿色代表青春、活泼、清新与舒适,黑色代表神秘,白色代表纯洁等。

使人的视觉感觉反差强烈的一对色彩叫对比色。对比色可以使一个重要的景物从其他所有景物中突显出来,或是通过相同形态或物体的重复和它们之间不同颜色的对比,将事物联系起来。一对颜色越是不相同,特别是色彩强烈且光谱特性上完全分离并“互补”的颜色,它们彼此之间的影响和对比就越大。对比色可以增强画面中的对比效果,突出表现不同被摄体之间的差异,最终的效果可能会因此而备受注意。

相对于对比色,那些颜色变化不太明显,看起来更加和谐自然的色彩叫协调色。利用协调色拍摄的作品,颜色变化更加柔和。

色彩能改变航拍主体的表达。航拍作品的展示中,有可能是色彩首先吸引了受众的眼睛,然后变成照片中一个占主导地位的特征。色彩可以创造和谐或产生杂音。实际上,完成一份满意的航拍作品的关键在于选择——牢牢地控制取景和拍摄角度。拍摄者应该严格地从取景框内就排除那些会造成混淆或有违彩色组合方案的因素。

四、航拍图片的构图

(一)景别

1. 远景、全景、中景、近景和特写

在视频作品中,摄入画面或者取景框内的形象统称为“景”。摄像镜头越接近被摄主体,场景越窄,而越远离被摄主体,场景越宽。取景的距离直接影响视频画面的容量。景别是指由于摄像机与被摄主体距离的不同,而造成的被摄主体在屏幕的框架结构中所呈现出的大小和范围。景别的变化对观众而言是观察距离的变化,且会带来不同的心理感受。

景别大小可以通过两个方法来改变,即调整摄像机与被摄主体之间的实际距离或调整镜头的焦距长短。景别越大,摄影机和对象之间的距离越远,环境因素越多;景别越小,摄影机和对象之间的距离越近,强调因素

越多。

景别的划分没有严格统一的量化标准，表达的是一个相对的概念，但还是有必要将其区分。传统上把景别划分为五种：远景、全景、中景、近景、特写。

2. 航空摄影的景别应用

在航空摄影中，应用不同景别，是通过调整摄像机与被摄主体之间的实际距离，即操控无人机飞近或者飞远来实现的。

(1)远景

远景可展现所有景物，能让观赏者感受到景物的深远，多出现在风光摄影中。例如，整个河谷、整片草地、一座城市的景象，使观赏者可以俯瞰景物的全貌并能够展现其整体的结构，具有包罗万象的效果。

(2)全景

全景可将主题呈现得更近，但仍然是以概貌的形式为观赏者展示一些可以粗略识别的元素，缺乏具体的细节，通常用于展示一个场景的全面情况。例如，一张观赏者只能看到街道和房屋的城市俯瞰照片。

(3)中景

中景可突出场景中的单独元素，并能使观赏者更容易识别这些元素，但这类照片仍由环境主导。

(4)近景

近景可使主体周边的环境渐渐模糊甚至消失，照片只突出某一个元素并将其完整地展现出来。

(5)特写

特写是画面突出某一元素细节，一般用于一些特定用途，如电网巡线、事故勘察等。

对于拍摄建筑物或者自然风光而言，飞行器不需要靠被摄体太近，故而特写镜头应用得较少，近景所展现的细节已经能够满足一般航拍的要求。

(二)图形元素

1. 点

点是最小的图形元素，指整个图像中的一个小区域，这个小区域与图像的其余部分和周围环境都形成了强烈的反差。

每一个可以想到的主体——植物、动物、人、建筑物等，以一种独特的方式出现在照片中时，都可成为一个点。

只要图像元素与整个图像区域比起来很渺小，就可以将其视为点。点可以吸引人的目光，能够第一时间被人发觉，能够成为照片的中心。

当图像中有多个点时，观赏者在欣赏照片时会不自觉地将这些点连在一起，并且使之形成一条虚构的假想线。这些点越相似，这一效果就越持久。图像中的多个点可以赋予照片一种动感，因为观赏者的目光会跟随多个点之间的无形连接而移动。

2. 线条

线条是一种动态的图形元素，它们只出现在色彩反差或影调对比中。线条不仅能吸引观赏者的注意，还能引导观赏者的目光。线条的特点表现在其主导作用、长度和方向。图像中所有线条的整体是目光的引导系统。

图像中真实存在的线有很多种形成方式。比如：物体或生物的边缘或者轮廓；细长的图像元素，如公路、铁轨、河流、管道、树干、树枝、植物的茎、灯柱、电线杆、护栏、雨水槽、人的身体、河流和街道等；还可以是物体运动留下的轨迹，如飞机拉烟留下的烟雾线、汽车行驶留下的车辙印和灯光、轮船行驶留下的水波纹等。

在引导观赏者的视线方面，并不是所有线条都具有同样重要的作用。线条对观赏者眼睛的辅助作用取决于很多方面，如粗细、颜色、亮度、纹理和与周围环境的对比等。通常，较长的线条效果比较短的线条效果更为强烈，太长的、超出图像区域的线条则无法引导观赏者的视线，而是会将整个图像区域分开，同时它还会承担一部分图像框架和外边界的作用。

(1)水平线条

水平的直线可用于将画面切分为上下两部分，一般处于画面上或下三分之一处，通常伴有这些特性：宁静、平和、整齐、稳定。地平线是最常见的水平线条。水平线条如果居于画面中间会显得呆板、枯燥，在对称画面中显得更为工整。

(2)垂直线条

垂直线条的定位可参考一个与水平线条相似的模式:在几何中,垂直线条本身会给人稳定、安静的视觉感觉,中间的垂直线条看起来静态、枯燥,按黄金比例排列的垂直线条显得很均衡,而靠近图像边缘的垂直线条更加引人注目。垂直线条常给人整齐、坚固、成熟、呆板的印象,但处理得好也可以对一些被摄主体起到陪衬作用,使画面更加生动,如道路上出现的人、动物或车辆。在建筑摄影中,垂直线条可用来呈现建筑高耸挺拔的感觉。

(3)斜线

斜线最具有视觉张力,图像中的斜线会给照片带来一种动态、生动而又不平静的效果。同时,倾斜的角度也决定了照片的动态感和紧张程度。

斜线中有一种重要的形式——消失线,它向画面相同的方向延伸,最终汇聚于照片中的一个点(图像内部或外部)并赋予照片一种特殊的立体感。

如果拍摄者在消失点上或者在其附近放置了一个重要的图像元素,就可以完美地运用这种线条来引导观赏者的视线,之后观赏者的视线还会不自觉地再次回到这个位置。

消失线的延伸会为画面带来一种非常强烈的纵深空间感。

(4)曲线

弯曲的、自由走向的线条会产生一种有机、自然、柔和的效果,它们缓慢而轻柔地引导着观赏者的视线在照片中穿梭。此时出现在曲线上的点会特别引人注目,而且给画面添加一些生动的元素。尤其是画面中具有类似S形曲线元素的景物很有利用价值。曲线在画面中,具有延长变化的作用,可以使画面中毫无关联的事物,通过曲线连接起来,形成一个统一的整体画面。被曲线分割的画面两个部分的面积最好相等,这样画面更和谐有趣。曲线上的点也会成为很好的点缀。

(5)线条组合

有时候可以利用线条的组合来表现画面的节奏感。一般情况下,利用环境中的线条不宜太多,否则照片会显得杂乱,没有主题。常见的线条组合有交叉线,如立交桥。

3. 形状

形状可以以不同的方式出现在照片中：以清晰的轮廓或通过对该形状的直接描绘出现，如拍摄交通指示牌；相同或相似的颜色、结构和亮度可被视为一个面；重复出现的图像点组合成的线条会形成一个图形；图像元素之间以及背景中被主体遮挡部分之间的空隙和空白。形状越清晰，就越容易在图像中占据主导。

(1)圆形和椭圆形

作为最显眼的形状，圆形看起来是封闭的，能产生一种不可触及的、完整而稳定的效果。对于较小的圆形，如果在它旁边放置另外一个较为显眼的图像元素，那它同样可以继续吸引观赏者的注意。

(2)三角形

景物中的三角形很多，被摄体可以本身是三角形，也可以通过组合形成三角的形状。构图中的三角形不一定是规则的。正三角形能带来稳重、均衡的效果，而斜三角形效果则更动感。如果三角形的三边都不等长，则失去了稳定性，成为一个不稳定的图像因素。尤其是倒三角，会打破画面的平衡，给人一种极不稳定的视觉感受，使画面变得动感有活力。

(3)矩形、正方形和菱形

矩形和正方形所产生的效果总体上都是稳定的、静态的，不过它们往往也会形成单调甚至是无聊的效果。

菱形看起来不稳定，可吸引观赏者的视线。

(4)星形和十字形

星形和十字形由于其精确的外形，在照片中会尤为突出，并且都能赋予照片一种动态效果。星形引导观赏者的视线从中心向外扩散，之后再次回到中心；而十字形类似一个标记，能够将观赏者的视线带到某个特定的点，线条相交处正是这种形状受关注潜力最大的地方。

(5)形状组合

同类形状的组合会非常引人注目，以至于其他元素都成为次要元素，如多个正方形或者圆形的组合。

4. 纹理

纹理泛指物体表面上的花纹或线条，是物体上呈现的线形纹路，经常以重复的图案的形式来表现。不同材质的纹理为画面形成不同的质感。在航拍中，纹理往往用来反映地形、地貌的特征。简单的纹理常用作背景，起到营造气氛、突出被摄主体的作用。

（三）构图技法

所谓构图，指的是在拍摄过程中，通过对画面中的各种图形元素进行合理的组织布局，使摄影师想要表达的内容与画面整体间形成的一种结构形式。构图，绝大多数情况下会围绕着黄金分割和引导线这两个概念展开。但除了主体的布局之外，构图方式中最重要的就是图形元素——点、线、形状和纹理。拍摄中常用的构图形成包括以下几种。

1. 井字形构图

所谓井字形构图，也叫九宫格构图，就是指在构建画面时，以虚拟的四条直线将画面横竖平均分成九份，画面中的直线形成一个“井”字，整个画面被平均分成九份。井字形构图应用了黄金分割法的原理，拍摄主体往往被安排在井字形的交叉点附近，从而使主体在画面中得到突出呈现，同时也使整个画面显得协调、生动。

2. 三分法构图

三分法构图就是以两条虚拟的直线横向或者是纵向三等分，这时的画面可以被平均分成三份，但从内容来看，一般包含两个内容，常见的有地面和天空、陆地和海洋。三分法是风光摄影的常用技法，多用横向三分，形成稳定和谐的画面效果，包括画面上部占三分之一的上三分和画面下部占三分之一的下三分。

3. 对称式构图

对称式构图指画面中的景物形成对称关系，有点对称和轴对称两种。对称式构图追求的是稳定、严谨或者宁静、安逸的效果，比较适合拍摄结构工整的建筑。在对称式构图中，对称点或对称轴是注意力的核心，在其附近出现的活泼的元素或许会打破这种宁静。

4. 中心点构图

中心点构图是最简单的构图,被摄主体位于画面的正中央。这种构图常用于运动摄影中的追踪拍摄,焦点在被摄主体上,要确保主体清晰。中心点周围的景物或者背景要尽可能简单,避免分散观众注意力。简洁明快是中心点构图的特点。

5. 对角线构图

对角线可以是轮廓线,也可以本身就是一条直线状的物体,通过调整摄影机角度而形成。利用对角线的主要目的是给本来整齐的画面增加一些不安定感,显得更为生动和有变化。

6. 构图辅助线

在航拍时,由于显示屏过小,且飞行器处于运动中,容易出现拍不正、拍不直的问题。好在现在的取景器都具有显示网格线或构图辅助线的功能。航拍时应记得在相机设置菜单选择显示辅助线,在取景构图时参考这些辅助线,就不容易拍歪了。尤其是画面中有地平线等明显直线时,使用构图辅助线就尤为重要。虽然就照片而言还可以后期调整,但能在拍摄时做的事情,就不应该交给后期,拍摄者还是应该养成使用构图辅助线的习惯。

任务2 航拍视频

一、航拍视频的视角选取

(一)取景

拍摄的第一步就是取景。通俗地讲,每张照片或画面都讲述了一个故事,包含了摄影师的主观意图,即摄影师要表达什么。一般情况下,它可以不通过文字或相应的注释就能吸引观赏者。照片讲述的故事越清晰、越浓缩,对观赏者来说就越容易理解、越有趣。

高耸的东方明珠、塔后的落日、塔前的街道汽车、塔右边的街头艺人、塔左边的花卉以及拍摄者眼前的导游——初学航拍的人往往会想要把所有内容“塞进”一张照片中。但在现实情况中，拍摄者无法一次性地感知画面内想要传递的所有内容，而是要一个接一个地去感知。悬而未决的主体会给照片受众带来一种混乱感，使其不知道该先看哪里。

图像元素指的是照片中的意义单元，这些意义单元可以脱离其所在的环境而被理解。取景中包含的图像元素过多，会造成画面中信息内容太多，从而让观众产生视觉混乱感；画面中的图像元素越少，每个单独的元素就显得越重要、越突出，这与它在照片中的大小无关。通常来说，图像元素越少越好。这意味着，应关注本质，删除所有不重要的元素。

观赏者在全景中看到的内容要比在细节照片中看到的更多。如果拍摄的仅仅是树枝上的一只松鼠，那么拍摄者所要展示的可能就是一只松鼠的特写；相反，如果拍摄的照片中既有松鼠也有其周围的环境，故事就包含了多个“演员”，那拍摄者可能更倾向于展示松鼠的生活环境。如果拍摄者在相同的时间、相同的森林里拍摄了一栋树屋和树屋里阅读的主人，那讲述的故事则是关于回归自然生存的人类。如何做取舍，这取决于拍摄者想通过画面展示什么内容。好的取景，就是通过图像元素的取舍，达到突出主题、简化内容的目的。在无人机航拍中，简化内容的最佳方法就是降低飞行高度，飞近一些，让拍摄主体占据更多画面，从而减少视觉上的混乱。尤其要避开杂乱又色彩鲜艳且与主题无关的图形元素，如道路边的垃圾桶、正在施工的工地等。

1. 前景、中景和背景

与地面摄影所面对的二维空间不同的是，就航拍而言，在对图像元素进行布局时，图像元素在二维平面和三维空间内的位置一样重要。事实上，图像中的空间并不是由三维平面构成的，但它能够通过图像层面，使观赏者形成一种空间的印象，产生纵深感。这种景物在图像中的纵深位置，通常分为前景、中景和背景。

(1)前景

前景是指处在画面结构中最前端位置的景物。对于视频拍摄而言，前景的选择至关重要。前景可以是主体也可以是陪体，作为画面的重要组成部分，前景的选择和处理能够决定画面的结构形式。前景最基本的作用就是增加画面的层次。有了前景，就很容易划分出画面的前景、中景、背景这几个部分。相对于只有中景或只有背景的画面，层次感会更丰富。当主体的信息量不足以涵盖我们所要说明的情况时，可以考虑加入前景，有代表性的前景能让画面的信息量更加丰富。通过前景、中景与背景的配合，交代更多有关画面的信息。

当前景的景物作为主体时，由于主体处于靠近画面的位置，细节较容易得到充分的体现。在拍摄时，通过精心构思的合理构图，使前景与其他景物互相配合、协调统一，可达到突出画面空间感和纵深感的效果。①

前景也可以作为陪体，同样可以起到增加有用信息、丰富画面内容、增强画面空间感的效果。除此之外，作为陪体的前景，还可以被用来遮挡无用空间。有时航拍画面会比较空，直接拍摄画面显得很单薄无趣。如果找到合适的前景进行遮挡，无用的空间会减少，画面也会显得饱满。合适的前景遮挡可以烘托拍摄氛围。航拍视频时，由于作为主体的中景被遮挡，往往会让观众产生好奇心，对镜头即将展示的内容有所期待，这样，借助前景的变化，可以让镜头更富有动感和节奏。树木是经常被利用作为前景的景物，虽然主体不太容易被树木完全遮挡，但在这半遮半掩中往往能丰富镜头的层次和节奏。

(2)中景

中景是指画面结构中处于中间的景物，由于前景和背景的存在，两者之间也就产生了中景。中景既可作主体，也可作陪体。

中景作为主体时，依靠画面中的前景与背景来衬托。这时候前景只是起遮挡作用，即使位于画面前端，但常因过快的镜头移动速度或处于背光位置而被忽略。作为主体的中景也是画面中最清晰的部分，而前景和背景则会变得模糊。中景与前景和背景之间会有一段距离。高空航拍中可以利用云雾作为前景，逐渐展现主体中景的全貌。

中景作为陪体时，起到陪衬前景的作用。这时主要利用透视原理来调整前景与中景的相对位置，不能让中景喧宾夺主，甚至可以把中景压缩到背景之中。

---

①刘欣宜．基于多属性学习的航拍视频理解[J]．科学技术创新，2022(4):41-44.

(3)背景

背景是指处在画面结构中最远端的景物,这既可以指空间上的背景,也可以指统一的纹理或者空白的区域。背景一般不会作为主体出现在画面中,起的是提示主体所处环境、加强画面美感与意境的作用。背景以简洁、干净为构图原则。远处的群山、落日、地平线常被用作背景。使用平视角度航拍视频时,要注意给天空留下一定的空间作为背景,否则会让画面显得太拥挤而缺乏美感。

2. 视觉引导线

同照片一样,视频画面也应该有主体。如果说照片可以利用线条来引导视觉重心的话,视频则可以把这种作用发挥到极致,这就是视觉引导线的作用。照片中的线条是完整、静态地展现的,而航拍视频时自由度就高得多。我们可以通过调动一系列在摄影构图中长期形成的视觉手段,来改善画面的结构,也可以让无人机沿着视觉引导线飞行。更常见的手法则是追随在某一路径上移动的人物、动物、车辆,将观众的注意力引导到摄影师想展现的拍摄主体上来。

视觉引导线可以是道路、河流等行进路线,也可以是自然中存在的线条。直线形态的引导线充满速度和力量,曲线形态的引导线则带有节奏和动感。俯视角度和追随拍摄的视觉引导线是航拍的特长,要充分利用。

有时候光线也可以起到视觉引导线的作用,树木或建筑间透过的一条明亮的光束、水面的波光等也可以指引观众的注意力。

3. 航拍高度

航拍与地面拍摄相比,能够方便地变换拍摄高度,俯拍和平拍居多,没有地面拍摄的仰拍。不同的高度对画面表现有着较大的影响,很大程度上也直接决定了航拍画面景别。高度并不决定一切,但高度影响视角,同样的景物,从不同高度拍出来的照片效果也会大不相同。

航拍摄影并不是一味地“大而全”。在天空中,拍摄者可以利用无人机合理规划航线,灵巧机动位移,甚至在巷道穿行,获得精准和自由的摄影角度。

(1)高度500米

在500米航拍高度,无人机展现的是一个区域的全景图,观赏者很难分辨道路、建筑、景观,画面更接近于一张卫星图。

(2)高度200米

当航拍高度到达200米时,航拍主体和主体周边的环境一览无余。

(3)高度100米

在100米航拍高度时,航拍画面呈现的是大全景景别,一次震撼的活动已经可以完全被展现了。

(4)高度50米

当航拍高度到达50米,航拍画面呈现通常是全景,此时航拍建筑往往既能展现建筑全貌,也能呈现建筑细节。

航拍并不是飞得越高越好,应用最广泛的航拍高度在50米以下。在这个高度,可以方便而精准地操控无人机飞行,合理规划拍摄角度和线路,画面富有变化。

(5)高度5米左右

当航拍高度在5米左右时,能够精确操作的无人机运作起来像是一个小摇臂,运动轨迹相较于摇臂而言,更加自由灵活。

此外,地面拍摄可以自由对焦,而航拍无人机上的相机,焦点一般都要设定在无穷远;时刻观察无人机的飞行高度数据及所处环境,确保安全。

(二)镜头运动

1. 镜头运动的总体要求

航拍与地面拍摄不同,无人机航拍与使用其他飞行器航拍相比,也具有不同的特点。无人机通过飞行动作和云台动作来控制镜头运动,须把握以下几个要点。

(1)慢速飞行

慢速是无人机飞行安全的需要,也是画面质量的保证。航拍不追求飞行速度,应尽量慢速飞行。飞行速度过快,一方面会使所拍摄的画面不平稳,另一方面也不利于飞手及时应对飞行中遇到的障碍或故障。前进平拍时,如果飞行速度过快,还很容易把无人机桨叶摄入画面,破坏画面美感。

新手往往喜欢一起飞就开始拍摄。这样做既浪费存储资源也妨碍后期剪辑,更使航拍缺乏目的性。无人机的视角可以有横向360°和纵向180°的变化,通过调整飞行姿态和调控云台来实现,这两个动作都要尽可能平稳进行。

(2)匀速拍摄

拍摄一个镜头,一般要有至少7秒钟的平稳可用镜头才算成功,否则没有剪辑价值。所拍摄的画面不能出现明显的抖晃,即所谓突变,这样会让观众感到不舒服。如果飞行速度不匀速且有明显的变化,就会在画面上产生突变。好的画面应该自然流畅、一气呵成,云台控制的镜头动作和飞行动作要协调好,对拍摄的画面效果要有预测,不要在飞行的半途中突然决定调整云台角度,这样很容易出现画面抖晃。

(3)准确定位

位置对于构图的影响,不仅与相机的实际位置和拍摄者观看主体时的视角有关,还受到拍摄者所选的相机焦距影响。对于普通地面摄影,拍摄者可以通过最简单的移动(或来回走动,或围绕拍摄主体行走,或蹲下,或爬到某些物体上)来寻找合适的拍摄位置。通过这些移动方式扩大或缩小拍摄者与主体间的距离,寻找衬托主体的合适前景和背景,并预测镜头的落幅位置。而在航拍中,摄影师所能移动的范围大得多,可以通过控制无人机所处位置与相机的转动,到达最佳的拍摄位置,从而得到理想的视角。

(4)体现特长

航拍是摄影的一种形式,借助无人机飞行,可以实现与地面摄影完全不同的视角,让观众有不同的体验。好的无人机航拍作品一定是能体现其特长的。我们要思考无人机航拍的特长是什么,这可以帮助我们理解哪些是无人机擅长的拍摄方式。比如,为什么要飞行?因为飞行中拍摄是地面摄影做不到的。为什么要多移动?因为地面摄影不擅长平稳移动,要借助轨道车、摇臂等设备,且移动范围有限。为什么不能飞太高?因为一般无人机的控制范围有限,如果飞出控制范围可能导致无人机失控,而且飞得太高会影响图像质量。

无人机航拍的视频是动态的，机位的自由移动是重要特点。想象一下，在城市的高楼大厦间，我们让无人机悬停在50米高空，拍摄一组固定机位的摇镜头，且不说摇起来画面容易抖动，怎么让观众相信这组镜头不是摄影师在楼顶用地面摄影设备拍摄的？

2. 前进镜头

地面摄影中可以通过调整变焦镜头的焦距由短变长，在摄像机位置不移动的情况下，实现画面的推近；也可以通过向前移动摄像机的机位，让画面的景别呈现由大到小的变化，这类镜头叫作推镜头。无人机多数配备的是定焦镜头，画面的推近一般通过无人机前进动作来实现。靠变动机位拍摄的推镜头与变焦实现的推镜头在透视效果上是有差异的，会带给观众更为真实的接近目标的感觉。

无人机沿着机头朝向飞行的镜头可以统称为前进镜头。前进镜头中景物呈现由大景别向小景别的变化，表现渐渐接近的效果；也可以不变，拍摄无目标的场景揭示镜头，达到揭示环境的效果。前进镜头这种渐渐接近揭示场景的感觉，经常用于电视电影的开头。很多故事片都大量应用前进航拍镜头作为片头。前进镜头的变化非常多，配合以不同的云台动作，常用的组合类型如表4所示。

表4　前进镜头常用类型

名称	飞行动作	云台动作
前进	向前平飞	镜头向前平视
前进俯拍	向前平飞	镜头向下前方约45°俯视
前进扣拍	向前平飞	镜头完全朝向机身下方
前进抬头	向前平飞	镜头朝下逐渐上摇至向前平视
前进低头	向前平飞	镜头向前平视逐渐下摇至朝下
前进拉升	向前飞同时拉升	镜头保持原有角度
前进拉升低头	向前飞同时拉升	镜头向前平视逐渐下摇至朝下

3. 后退镜头

地面摄影中，通过变焦镜头的焦距由长变短或者向后移动摄像机的机位，让画面的景别呈现由小到大的变化，这类镜头叫作拉镜头。无人机是通过后退动作来实现这种效果的。

无人机沿着机尾朝向后退飞行的镜头可以统称为后退镜头。后退镜头中景物呈现由小景别向大景别的变化，表现渐渐远离的效果；也可以不变，同前进镜头一样，拍摄无目标的场景揭示镜头，达到揭示环境的效果。后退镜头这种渐渐远离揭示环境的感觉，经常被应用于电视电影的结尾部分。后退镜头的常用组合类型如表5所示。

表5 后退镜头常用类型

名称	飞行动作	云台动作
后退	向后平飞	镜头向前平视
后退俯拍	向后平飞	镜头向前下方约45°俯视
后退扣拍	向后平飞	镜头完全朝向机身下方
后退拉升	向后方同时拉升	镜头保持俯视角度或逐渐调整

后退镜头也可以用于跟随拍摄，无人机位于被摄主体前方，跟随主体向前的运动而以同样的速度后退。这样就可以让运动物体或人物保持在画面中的大小和位置，揭示姿态或神态。

4. 上升与下降镜头

顾名思义，上升与下降镜头即在无人机上升或下降过程中拍摄的画面。在无人机稳定起飞后即可开始拍摄。平视的上升镜头可展现景物的空间层次，尤其是高度感，常用于突出建筑物的高大挺拔。下降镜头的作用与之类似。单纯的上升或下降镜头比较枯燥，一般与其他镜头动作组合使用。

5. 旋转镜头

旋转镜头是指摄影机镜头指向发生水平方向改变的一种拍摄方式。水平旋转镜头可以通过无人机悬停、转动机头朝向来实现，形成环顾四周的效果；在前进、后退等运动状态下的旋转操作难度较大，起到变换拍摄角度的效果；在扣拍状态下无人机做悬停或上升动作，可以形成无人机独有的旋转效果。旋转镜头的常用类型如表6所示。

表6 旋转镜头常用类型

名称	飞行动作	云台动作
原地旋转	悬停,旋转	镜头向前平视
前进旋转	向前平飞,旋转	镜头向前下方约45°俯视
后退旋转	向前平飞,旋转	镜头向前下方约45°俯视
上升旋转	上升,旋转	镜头完全朝向机身下方

6. 横移镜头

横移镜头指的是操控无人机向左或向右横向飞行,配合以升降或旋转动作而拍摄的画面。横移镜头的镜头朝向一般是超前或小角度俯视。在拍摄运动物体时,横移镜头可以在侧面伴随着运动物体同步运动,即所谓侧面跟随镜头,聚焦被摄主体的运动姿态,有很强的身临其境的感觉。在拍摄风光题材时,伴随着无人机的横向移动,能够较好地展现风景的层次,让观众有边走路边观景的感觉。在横移的同时适当拉升,画面的立体感会更丰富。

还有一个很常用的横移镜头叫作环绕镜头,俗称“刷锅”。环绕镜头的飞行动作要靠横移和旋转配合而形成,它与旋转镜头的区别在于它始终有个确定的目标存在。横移镜头的常用类型如表7所示。

表7 横移镜头常用类型

名称	飞行动作	云台动作
横移	向左/右平飞	镜头向前平视
刷锅	向左/右平飞	镜头向前/下方一定角度平/俯视
横移拉升	向左/右上方斜飞	镜头向前平视
横移拉升刷锅	向左/右上方斜飞	镜头向前/下方一定角度平/俯视

手动刷锅镜头主要靠左右手配合操纵来进行,操作难度比较大。有一种叫作“兴趣点环绕”的智能飞行模式可以完成围绕确定目标的环绕拍摄。以精灵4为例,操作步骤如下。

第一，飞到需要环绕的中心点上空，摄像头回中朝下，在DJI GO主界面左侧的智能飞行模式中，选择兴趣点环绕模式。在调整好位置，确认中心点在画面正中时，点击“设置兴趣点”。

第二，飞到环绕画面的起点位置，摄像头对准目标中心，设置“环绕半径”和“高度”。

第三，点击“立即执行”，无人机即围绕中心点自动进行环绕飞行。这时候可以摄影摄像，也可以调整环绕飞行速度。

7. 跟随镜头

跟随镜头是一种常用的移动镜头，通过无人机从前、后和侧面伴随被摄主体运动，给观众一种由被摄主体带领进入某个画面的期待。被跟随的对象往往是人物、动物、车辆等。在运动竞技场面，也常用到跟随镜头来表现运动员的姿态。

8. 其他运动镜头

还有一些特殊的运动方式，很难将其纳入运动航拍镜头的分类中，但确实能够发挥航拍优势，有其独到的用途。

(1)室内航拍

航拍一般是在室外进行的，但并不是室内不可以。室内航拍难度较大，此时没有GPS信号，使用姿态模式飞行的无人机较难操控。技术熟练的飞手才可尝试这种航拍方式。在室内，无人机航拍起到一个摇臂的作用，但却比摇臂有更大的活动自由度，若运用得好，是可以拍出极有新意的航拍作品的。

(2)手持拍摄

一部电视片，从头到尾全部使用航拍镜头的情况是很少的，容易让观众产生厌倦感。我们可以将地面拍摄和航拍结合运用。对于有些复杂的场景，如穿行在树林中的镜头，不适宜航拍。这时候可以不启动螺旋桨，而是发挥无人机云台的防抖功能，手持无人机进行拍摄，给航拍作品增添趣味。

(3)一镜到底

一镜到底是一种较难实现的航拍体验，指的是一个完整的电视片用一个镜头完成，整个过程衔接流畅没有卡顿。一镜到底可以有速度上的变化，但不能够对镜头进行剪切。

二、航拍视频的场景选取

(一)城镇场所

小镇、城市和建筑等,显而易见地固定在一个相对于它们周围环境的位置上。对于此类固定不变的结构,需要拍摄者小心地选择拍摄角度并更耐心地等待合适的照明时机。

1. 不同光线对场景的影响

太阳从早到晚、从东到西移动的位置,以及它和被摄主体或场景的关系一直在变化。如果太阳所处的位置不适合航拍作品的表达,就有必要在它的方向最合适被摄景物时再回去拍摄。航拍时,需思考选择直射阳光还是柔和的漫射光,同样,天气条件也要选择。

照明对城镇地方场所摄影的外观和感受起很大作用。直射阳光从侧面斜照在航拍场景里,可以突出特别的标志性景物,使它们和暗背景或背景的阴影形成对比,有利于吸引观众的注意力。

清晨或傍晚是产生有趣的快速变化的照明效果的时间。因为太阳每分钟都在改变位置,或者会全部消失,拍摄者要提前或迅速做好准备。

2. 人与场所

在人与场所的拍摄中,拍摄者可以用建筑的大小和人员在建筑中的比例来强化画面表达。如果画面中的人物与所处环境有关,他们可以被当作一种符号。巨大的、没有人情味的办公楼前一个孤独的身影,可以说是个人生活的具体描述,也可以是对地方的描述,表现出人们日常所处的建筑环境。

3. 城市夜景

拍摄夜景时,反差是我们遇到的主要问题。黄昏拍摄意味着仍有足够的光线保留纹理、细节和色彩。更晚的时间拍摄同一场景,城市灯光将会变成一系列映衬在基本上全黑环境下的小亮点。

(二)自然风光

影响风光被记录的所有因素中,照明是首要的。航拍涉及的是自然光,所以时间早晚、天气甚至季节,所有这些对结果都有着强烈的影响。

时间早晚主要影响光线的方向,天气条件影响光质(硬光、半散射光、柔光)和场景中光线的分布。同样类型的风景,能够呈现出许多不同的效果。风景基本上是静止不动的,但不是一成不变的,而且常常会有决定性的瞬间,有的景观在几周甚至几千年内都不会再出现。好的风光航拍摄影师必须是好的计划者,在最佳时机来到前处在最佳位置上,准备好并耐心等待"好戏上演"。

1. 风光中的色彩

在风光摄影中,色彩的强弱受到大气条件,光线的色彩、类型和强度,相机饱和度设定,以及滤镜的使用等影响。在一场倾盆大雨之后,黄昏直射的、温暖的光线可以增加色彩的强度和饱和度。

2. 拍摄技巧

风景航拍时,基本的元素是它的前景、中景和背景。这些景和景之间应该以某种方式过渡,并相互关联。此外,要考虑地平线高低——构图方式往往决定了三个部分的比例。

天空中的白云、日落、水汽缥缈、彩虹等,所有这些形成了重要的陆地和海上景观中不断变化的元素。即使在许多天空的影像中,太阳并没有出现,拍摄者还是要谨慎测量曝光,选择最终会呈现为中灰影调的那一部分——最黑和最亮的细节中间。

(三)建筑摄影

建筑摄影时,航拍摄影师不仅需要展出某个场所的特色及其一般特征(形式和纹理),还要拍摄出其美感。建筑师通常需要引人注目的、生动的建筑图片,以便作为出版物的插图和展出使用,有时甚至突出强调建筑物的重要细节。

航拍建筑时,需控制光线和拍摄地点。拍摄者可通过太阳的移动来选择建筑物的不同立面,在一天之内不断观察光线是如何改变建筑物的体积、外貌、色彩和阴影形状的。

一年之内的不同时间,太阳的角度以及环境都会对建筑的美感产生不同影响。拍摄者需确认所要展示的建筑物的主要特征,并选择最佳时间和光线条件,使它们同时体现在一幅照片中。

任务3 航拍素材管理与编辑

一、航拍素材图像编辑基础

(一)图像格式

图像格式,即图像文件存放的格式,在无人机相机中,最常见的为JPEG和RAW两种格式。

JPEG(联合图像专家组格式)文件格式是一种压缩文件格式,它的大小比RAW文件小。拍摄者使用JPEG格式时,能够在存储卡中保存更多的图像,而且存储一张照片所需的时间也更短。通常在使用连拍功能时,如延时摄影或体育摄影,会使用JPEG格式存储照片,这样可以提升连拍速度及最大连拍数量。JPEG格式使用方便,各种读图软件皆可打开,且文件相对较小,适宜网上传播,应用非常广泛。不过毕竟是经过压缩的图像,对图像质量还是有影响的。图像的质量越高,图像所保留的细节就越多。图像的压缩程度越大,质量也就越差。

常用的未经压缩的数字负片图片格式是一种用于数码相机"原始数据文件"(RAW)的公共存档格式。RAW的原意就是"未经加工",即图像感应器将捕捉到的光源信号转化为数字信号的原始数据(相机对于光线的原始记录)。RAW文件记录了数码相机传感器的原始信息,同时记录了相机拍摄所产生的一些元数据(Metadata,如ISO的设置、快门速度、光圈值、白平衡等),可为图像的后期调整提供更大的空间。但是RAW格式的图像,需要使用专业的图形图像软件进行浏览查看。而且RAW格式没有标准格式,数据项目和具体的保存方法均由各厂商自己决定。不同厂商的产品存在RAW格式的标准不统一的问题。

DNG格式其实也是一种RAW格式,它是美国Adobe公司发布的旨在统一RAW文件标准的格式,试图解决不同型号相机的原始数据文件之间缺乏开放式标准的问题。目前,DNG格式还在普及过程中,很多厂商都推出了支持DNG格式的数码相机,无人机厂商也不例外。

(二)基本图像编辑

1. 色调校正

色调校正,简而言之,就是调整图片的色调,主要包括调整阴影、高光、曝光度和对比度。

(1)阴影

阴影是画面曝光度较低的部分。调节阴影可以恢复隐藏的暗部细节。在RAW格式下,可恢复的细节较多;而在JPEG格式下,可恢复的细节就少。对阴影细节的过度调节容易产生噪点。

(2)高光

高光是画面曝光度较高的部分。调节高光可以恢复画面中过白的部分,还原隐藏的亮部细节。一般调整高光的方法是向左滑动滑块,减弱过亮部分。如果原片影像过曝,即亮部细节本来就没有记录下来,这时调整高光也是无效的。

(3)曝光度

应用于整个画面中的中性灰部分,调整曝光度对白色的影响更大,对纯黑色的影响较小。

(4)对比度

调整对比度,即黑的更黑,白的更白,深色的更深,浅色的更浅。对高光和阴影的调整会减小对比度,这就需要在其后调整对比度,使画面更真实自然一些。调整对比度时还可以通过对“白色色阶”和“黑色色阶”分别调整来实现,可以做到更灵活地控制,如增强暗部的对比度,减弱亮部的对比度。①

2. 清晰度与锐化

(1)清晰度

寻找亮度差和色彩差的边缘,以边缘为中心,进行大幅度的对比度改变。

(2)锐化

一般在亮度差和色彩差的边缘增加两道黑白线,以此来增加边缘的对比度,从而创造更大的反差。增加锐化会比增加清晰度更加精细。

①李韵. 浅谈影视航拍中RAW格式素材的应用[J]. 长江丛刊,2017(15):8-9.

3.鲜艳度与饱和度

(1)鲜艳度

鲜艳度主要调节的是画面中色度不高的部分,画面中本身色彩饱和的部分会受到一定的保护(调节时变化不大),同时会保护色彩溢出,效果较自然。

(2)饱和度

饱和度是将所有色度等比例增减,在增加饱和度的同时,画面中本身饱和的部分有可能变成一片纯色,细节溢出。

二、图像编辑软件

(一)Adobe Photoshop

Photoshop即人们常说的"PS"软件,是由Adobe公司开发的专业的图像编辑处理软件。Photoshop的专长在于对已有的图像进行编辑加工处理以及运用一些特殊效果。使用其众多的编修与绘图工具,可以有效地进行图像编辑工作。

Photoshop在平面设计领域应用广泛,对摄影师而言,则主要利用其进行图像编辑、合成、调色等操作。图像编辑可以对图像做各种变换,如放大、缩小、旋转、裁切、变形、复制等,还可以利用各种工具进行修补、抠像、除斑等。

调色可方便快捷地对图像的颜色进行色阶、色相、对比度、亮度、曲线等调整,以纠正色偏问题或达到特定创作意图。调色可直接在"图像"菜单进行,其调整后的效果直接体现在当前图层上。图层操作是Photoshop最基本的概念。通常摄影师所做的调色处理会在不同图层进行,这样方便对每一调整步骤进行细微的修改,变化也会更多。

此外,Photoshop也提供了大量滤镜。综合利用该软件的滤镜插件和通道等工具,可以完成很多有创意的图像后期处理效果。

(二)Adobe Photoshop Lightroom

Adobe Photoshop Lighroom是Adobe公司研发的一款以后期制作为重点的图形工具软件,它与Photoshop定位不同,不具备Photoshop在平面设计上的许多功能,如照片瑕疵修正、图层合成、滤镜等,但在图像校正调整方面功能更加强大,操作也更加方便,尤其在批量处理图片方面效率更高。

Lightroom 可以管理大型照片图库,并向摄影师提供了强大的 RAW 和 JPEG 格式文件调整工具,主要应用于数码相片的浏览、编辑、后期处理、打印等方面。

在 RAW 或 DNG 原始文件的处理上,与 JPEG 文件不同,Lightroom 对各种拍摄参数的调整并不会影响照片画质。

三、视频编辑基础

(一)视频格式

在视频剪辑时,我们需要使用不同格式的视频素材,并选择编辑好的视频作品输出的视频格式。由于采用的视频编码技术不同,视频格式也种类繁多并各有特点。常用的视频格式如下。

1. AVI

AVI 英文全称为 Audio Video Interleaved,即音频视频交错格式,是微软公司推出的一种视频格式。AVI 允许音视频同步播放,图像质量好,但文件体积较为庞大。

2. MOV

MOV 即 Quick Time 影片格式,它是 Apple 公司开发的一种视频格式。采用了有损压缩方式的 MOV 格式文件,存储空间较 AVI 格式要小一些。

3. MPEG

MPEG 英文全称为 Moving Picture Experts Group,即动态图像专家组,是国际标准化组织(ISO)与国际电工委员会(IEC)成立的专门针对运动图像和语音压缩制定国际标准的组织。通常说的 MPEG 格式指的是该组织制定的一系列用于音频、视频信息的压缩编码标准。常见的是用于 DVD 视频文件压缩的 MPEG-2,以及广泛用于音、视频存储的 MPEG-4,即 MP4。MP4 具有压缩效率高、合成音视频对象方便等特点,得到广泛应用。

(二)基本视频编辑

视频编辑的基本步骤如下。

1. 导入

在视频编辑之前，我们需要将航拍视频和其他视频素材存储在一个大容量硬盘里。尽量不要直接用手机里的预览视频编辑，因为图像质量较差。在视频剪辑软件中新建一个视频项目，命名存储，然后就可以导入视频素材。由于视频格式多样，如果所使用的剪辑软件不支持某些视频格式，我们还需要使用其他软件对视频进行转码。

2. 剪辑

根据剧本或我们的编辑意图，从视频库中依次将所需要的视频素材拖人时间轴，使用剪裁工具剪掉素材中不需要的部分，将不同视频片段连接起来，就是完成了基本的剪辑。拖入时间轴的素材包括音频、视频两部分。对于航拍素材而言，音频文件往往是我们不需要的，可以先解除音、视频链接，将音频部分删除。

3. 转场

经过剪辑后的两个视频片段之间的切换方式叫做转场。常用的是直接从一个画面切至另一个画面，即“硬转场”。硬转场的画面衔接自然，节奏流畅。如果两个画面之间的时间或者场景转换较大，可以在中间添加转场效果，即“软转场”。软转场主要用于弥补画面衔接的不足，效果以尽可能简单为好。对于初学者而言，过于花哨的转场效果尽量不要使用。

4. 配音配乐

剪辑完成后，可以选择适当的航拍背景音乐。音乐的选择要与影片的内容协调，且画面的切换也要与音乐节奏有所配合，这样出来的影片才会让观众觉得自然、舒服。如果有必要，也可以添加与画面配套的音效。解说的音频可以在最后添加。

5. 字幕

很多视频剪辑软件都有预设的字幕效果，可以加以利用。包括片头在内的字幕效果也尽量以简单为好，字体和位置的选择以尽可能不影响观众对画面的观看为标准。

6. 输出

根据影片用途，选择合适的视频输出格式，命名存储。通常可以制作分别用于在线和离线播放的两个文件版本。

四、视频剪辑软件

(一)DJI GO编辑器

DJI GO内置编辑器,可以方便地收藏整理视频和图片素材,提供丰富的滤镜和便捷的智能编辑模式,所有操作都通过点击屏幕完成。自带丰富的音乐和独具创意的电影模板,只需简单几步就能生成影片,同时还具有音乐与视频导入、滤镜调节和音量调节等功能。这是一款可以快速制作、分享航拍视频的软件,所生成的影像作品能即时同步分享至各大社交平台。

(二)爱剪辑

爱剪辑是一款简便易用的视频剪辑软件,其人性化界面几乎可以让零基础的视频爱好者快速上手视频剪辑。其基本操作只需以下步骤。

1. 新建视频编辑文件,添加视频

启动“爱剪辑”程序,输入新建编辑文件信息。点击“添加视频”按钮,或者双击面板下方“已添加片段”列表的文字提示处添加视频。添加视频时,进入“预览/截取”对话框可快速拾取当前画面的时间点,截取视频片段。

2. 剪辑视频

打开“时间轴”面板,并结合“音频波形图”和“超级剪刀手”进行精确剪辑。

3. 添加音频

添加至音频界面,对插入的音频进行设置。

4. 添加字幕

添加至字幕界面,进行字幕的字体、特效等设置。

5. 设置转场特效

设置转场特效界面,进行不同的转场特效设置。

6. 导出视频

导出视频界面,进行视频导出设置、参数设置和导出路径设置。

(三)Adobe Premiere Pro

Adobe Premiere Pro是一款专业的视音频非线性编辑软件,广泛应用于影视后期制作领域。该软件专业性较强，功能十分强大，笔者很难用较短的篇幅进行介绍，仅就常用步骤简单介绍如下。

1. 创建项目文件

启动Adobe Premiere Pro程序，打开“新建项目”对话框，给项目命名并选择保存路径，然后会自动打开“新建序列”对话框，对序列进行设置。

2. 导入视频素材

选择“文件”“导入”命令，或双击左上角的“项目”工作区，或按“Ctrl+I”快捷键，打开“导入”对话框，导入视频素材。

3. 剪辑素材

将素材拖曳至“时间线”窗口中，即可进行视频插入、覆盖、删除、裁剪、改变持续时间等大量复杂的剪辑工作。

4. 影片预览

在“节目”窗口中单击“播放”按钮，即可预览在时间线上编辑的视频。

5. 影片输出

选择“文件”“导出”“媒体”命令，或者按“Ctrl+M”快捷键，会弹出“导出设置”对话框。在“导出设置”对话框内设置好需要导出的视频格式，即可开始影片输出。

第四关 航拍作品创作

导读

无人机航拍得到众多爱好者青睐，也彻底改变了视频素材的拍摄与制作方式。对于无人机爱好者、摄影师以及纪录片、电影制作者和无人机学习者来说，需要了解运用无人机怎样才能拍摄出好的图片和视频，或者需要运用怎样的手段和技巧去进行航拍图片和视频的创作。本关内容向我们讲述了进行城市人文、自然风光等摄影作品的航拍手段，以及无人机航拍纪录片、宣传片和短视频的创作方法。

闯关说明

在我们学习了无人机的航拍相关技术之后，现在需要学习实际应用，即怎样进行航拍作品的创作，在学习航拍作品创作的过程中，我们需要带着以下关卡问题去完成闯关任务，帮助我们更好地进行航拍作品的创作。

(1)什么是航拍摄影？航拍摄影的过程中怎样进行镜头的运动与设计？

(2)城市人文作品航拍摄影创作的表现手段有哪些？

(3)航拍纪录片的画面构建有哪些？航拍纪录片怎样进行光影和色彩的运用？

(4)城市宣传片的航拍的构思和流程是怎样的？怎样才能拍出好的城市宣传片？

(5)短视频航拍的画面怎样构建？航拍短视频需要注意哪些事项？

任务1 航拍图片创作

一、航拍摄影的艺术特点与优势

(一)航拍摄影的艺术特点

无人机航拍技术的出现,无论是在视野还是拍摄高度上都给摄影艺术创作带来了更多的可能。在航拍技术的影响下,摄影创作者的视角与创新思维被拓展了,摄影艺术探索的空间及视域呈现多样化趋势。无人机航拍改变了传统摄影近距离、平视的视角,采取高空“俯视视角”进行拍摄,这样有利于摄影师运用构成形式来重构画面。

摄影艺术不应该满足于反映世界、记录现实,更应对艺术固有的形式进行革新。航拍摄影通过将现实事物平面化、符号化,利用构成形式重新组合画面,产生一种新的美感。在航拍技术的影响下,摄影创作者的视角与创新思维被开拓了,摄影艺术探索的空间及视域呈现多样化趋势。

(二)无人机航拍的优势

1. 无人机航拍的视角独特性

传统视角下,人们观看眼前的事物是根据当前状态所决定的,从自身的角度去发现,再到由心理去调节自己对事物的认知的态度。但是由于人类身体活动范围的局限性,从人自身去观看的角度也受到了限制,辅助设施以及自身视角上的高度限制了大面积的视野。由于受制于人的常规观察方式,所拍摄到的画面也多是平面视角,而想拍摄广阔的宏观的景色,展现大地之美,一些大自然中固有的或者特殊的线条变化也无法在常规视角中看到。

而在使用无人机进行航拍时,不仅能够实现高度的自由和360°任意俯瞰的视角,更能在操纵过程中,从拍摄者的第一视角,感受无人机航拍俯瞰式上帝视角所带来的俯视冲击效果。

无人机的发展,无疑对视角的自由度和空间的改变产生了很大的影响,这种拍摄视角的独特性常常产生新的视觉冲击力。而在常规视角中所体现的平拍、仰拍、俯拍并不能达到无人机航拍中正俯视角的效果,正俯视角这种高高在上的视觉,充满了主宰感和统治感,使观看者对视野中的景色产生极为宏观的认知与震撼。在操控无人机飞行的过程中,通过图传设备去寻找、捕捉,在高空中用俯瞰视角根据光线、色彩、构图对拍摄时所带来的独特景观与角度进行创作。当运用到景观摄影中时,操纵者在用无人机对画面进行取景构图时,所拍摄的景观也随着无人机航拍的高度和位置变化,呈现出不同的视觉效果,从地面上许多平拍仰拍的视角变成了俯瞰视角,让拍摄的事物更加具有高度和广度,呈现出较大视野和立体感,体现出了航拍视角的独特性。

无人机航拍俯拍视角的独特性可以强调环境空间概念与主体的位置关系,更能表现大地的磅礴气势,如在航拍大桥的镜头中,操控无人机由远到近地拍摄,不仅展现了大桥外观的细节与建筑规模的巨大,更体现了其独特的航拍视角下所带来的视觉美感,作品中所展现出的视角,也是传统摄影达不到的。

而作品中所出现的建筑与自然环境相融合,更能体现出人类活动与自然是相互包容,而不是相斥的,使得作品具有更深层面的象征意义,表达了在人类的发展过程中,自然环境与现代交通的贯通越来越重要,即人与自然和谐发展。

2. 无人机航拍的空间自由化

传统视觉空间由拍摄高度、拍摄方向和拍摄距离组成,而拍摄的高度与角度的局限性也限制了传统摄影,使其无法在所在空间内自由地进行创作。随着无人机航拍技术所带来的影像空间自由化,恰好弥补了传统摄影的不足,无人机航拍的高度决定着影像空间的大小和视域范围,由于航拍设备的限制,大多数航拍作品的基本高度在500米以内,而在其高度以下的空间可以随意地移动拍摄。因此,传统拍摄方式所达不到的空间位置就可以通过无人机去进行拍摄。在景观摄影创作时,不仅要表现其宏观场景,更需要拍摄目标的细节,为使其达到画面饱满又细节充分的效果,降低无人机高度进行拍摄无疑是最好的选择。于是,无人机低空拍摄也渐渐流行起来。人们在追求宏大场景的同时,也在不断探索低空、微观的细节影像的表现内容。

这种可操纵的自由度较大的视域空间拍摄,对人类而言,是一种在获得较强视觉冲击力的影像拍摄技术上的进步,也体现出无人机航拍运用到景观摄影上解除了空间限制、实现了空间自由化的功能,相对于乘坐热气球和直升机固定翼飞机的传统拍摄手法,在拍摄和空间移动角度方面更加方便。拍摄影像的方向与高度不同会影响所拍摄景观的透视关系,从而体现出不同的画面纵深感,透视就是在平面中再现立体感的方法,因此使用无人机拍摄时需要选择恰当的高度与视角,才能使得这些空间关系能够清晰地展现出来。

站在高山或高楼远眺时,常常看到近大远小的情景,有时想要通过摄影更好地展现其空间关系,仅靠人本身的移动是达不到的,这时候就需要使用无人机去寻找合适的空间位置进行拍摄,才能展现出画面的空间感,也是对镜头设计最常见的方式。在许多人所不能达到的地方都有着神奇的景观,如火山爆发时,浓烟滚滚岩浆流淌,我们只能远远地望着而不能近距离去拍摄记录,无人机航拍的空间自由化恰好弥补了这一不足。操控无人机进行拍摄,不仅能够近距离拍摄火山喷发的状况,更能对岩浆流淌的地貌进行正俯视拍摄,这不仅保证了拍摄者的自身安全,又能记录下这一奇观,更能给科学工作者提供宝贵的研究资料。在传统视角下并不能表现其城市道路与自然环境的关系,使用无人机进行拍摄可以利用无人机的空间自由化特点进行创作,更容易地展现所要求的景色全貌,所拍摄的作品把城市与自然融合在了一起,表现出了人类在发展过程中的因地制宜、保护环境等理念,符合当今时代要求。

3. 无人机航拍的运动多元化

由于无人机的镜头运动无空间限制,无人机的镜头运用更自由,活动范围更广,可以拍摄任意高度的画面,是传统拍摄手法所办不到的。而无人机画面之所以吸引人,也在于它存在着运动多元化所带来的形式美感,这种多元的变化所带来的形式美感来源于无人机与镜头的相互配合,无人机技术的发展所带来的画面稳定性使其操控运动更加成熟、简便。画面形式变化所产生的视觉效果及其空间运动,完全是由于无人机运动拍摄所产生的,无人机航拍的运动方式一般分为四种：水平运动、垂直运动、斜线运动、曲线运动。水平运动中，可操纵无人机云台进行推、拉、摇、移等拍摄。推镜头主要是沿无人机光轴方向向前移动，由远而近向被摄主体不断接近的拍摄方法。推镜头具有被摄画面越来越近、主体由远而近的变化，拍摄目标随着镜头越来越近，不断充满画面，影像增大。拉镜头是沿无人机光轴方向向后移动逐渐远离被摄主体，由近至远与主体拉开距离的拍摄手法。摇镜头通过无人机机载云台的运动实现，云台运动使得无人机上的相机镜头做上下、左右、旋转等变化。移镜头是航拍无人机在空间范围内，按一定的运动轨迹进行运动拍摄。无论被摄主体在空间内是处于运动状态还是静止状态，移动画面都会造成画面的视觉连续变化。

无人机离开地面位置，在空间做上下位置移动的拍摄，上升与下降的移动方式虽然简单，但运用得当，能达到史诗般的画面效果，而且在场景转换中也是最有效的。《航拍中国·新疆》中，运用到了很多下降镜头来切换画面，而升高的镜头少用于场景切换。例如，在影片中，画面从云层缓慢降下，逐渐看清下面的景观来代表影片即将开始，切换近距离画面显得舒服、流畅，符合逻辑，在其画面中慢慢升高远离，代表着结束的镜头，而其拍摄手法更多的寓意是引导人们的视线进入片中所要叙述的主体，将观众带入故事。又如，在大草原拍摄时，无人机从云层慢慢降下一直追随到奔腾的野马旁边，鸟瞰镜头是从很较高的地方将无人机镜头像鸟的视角一样，向下进行拍摄，使用了这种手段同样也是将人们的视线，从草原壮美的风景引到了拍摄的主体。鸟瞰镜头就如同上帝视角，就如上帝观察大地景色一样具有威严感和震慑力。

（三）航拍摄影的现状与前景

近年来航拍摄影繁荣的原因之一是无人机的发展和广泛应用，它具有很强的环境适应能力，同时也因它垂直俯拍的独特视角和震撼的视觉冲击力，使拍摄出的影像更有感染力和张力。

在航拍摄影创作的过程中发现，随着无人机技术的不断进步和发展，无人机摄影操作越来越简便，空中鸟瞰视角成为平民化的视角常态。随着航拍群体的壮大，导致航拍摄影作品总体水平参差不齐，摄影师和摄影爱好者运用“上帝视角”进行拍摄的雷同的航拍作品越来越多。很多摄影作品只停留在对客观事物的再现上，而缺乏对艺术的思考，缺乏对摄影实践经验进行历史的和理论的研究。对航拍摄影创作的方法和解读不够深入，导致很多航拍摄影作品较为肤浅，没有深度和力度，缺少内涵。因此，在理论和行为方法上找对思路，才能有利于航拍摄影的创意与创作，并能指导和解读当下的航拍摄影，这一点是尤为重要的。

目前与航拍摄影相关联的论文较少，国内关于航拍摄影的理论也不完善。对航拍的研究主要偏重于航拍技术和影视航拍摄影的研究，对航拍摄影镜头语言特征以及应用研究的理论较少。因而，不断在实践中探索航拍摄影在技术上、艺术上、视觉上、审美上的各种可能性及不同的表达方式和思维方式，寻找什么样的理论和方法来指导航拍摄影，能使航空摄影作品更具独特性、更具思想性，这是当代摄影艺术家需要思考的。①

二、城市人文作品航拍图片创作

（一）城市人文作品航拍摄影创作的构成形式

无人机航拍摄影是在一个三维立体空间进行拍摄活动的，无人机飞行的高度越高，观看到的地面原有物体的具体形象差别就越大。因此，摄影师可以运用构成的形式去组织画面，将变异、对比、重复、空间等常见的构成形式运用到航拍摄影的创作中对画面进行组合、重构，这也是城市人文类摄影作品创作的主要表现手段。

1. 变异的形式运用

变异是指构成元素在有秩序的关系里，有意违反秩序，使少数、个别的形状在诸多的形状中显得突起，以此打破规律性，引起人们的注意。变异的显著特征是通过一小部分的对比，刺激视觉并创造视觉焦点，从而打破单调的视觉感受并达到生动的艺术效果。在影像创作中，运用形状、色彩、方向等变异方式进行摄影创作，打破了单调的简单重复，使画面更具韵律感。

形状的变异形式，可以使画面产生差异对比。在航拍摄影创作中，采取两侧对称式构图，画面中的两条纵向和横向的线条，将图形分为相等的左右

①陈曦亮，李钢，徐锋，等. 基于无人机航拍照片的西安城市形象感知研究[J]. 地理科学进展，2021，40(9)：1600-1612.

两部分,左右部分的形状完全相同,以此来表达一种静止的状态。如用大俯角的拍摄角度和中午较硬的光线,将幼儿园孩子们在操场上奔跑的身影化为以点形元素为主的基本形状。点是多种多样的,它可能是任意几何形状,也可能是无限制的,所有物象皆可为点。点是感受的视觉中心,也是画面的趣味中心,可在画面中起到“画龙点睛”的作用。画面中间的点形元素自下而上、由密到疏地自然排列,参差有致,加上影子的方向自下而上,形成自下而上的动感,与两边静态的对称式构图形成明显的对比,成为画面的视觉焦点。形状的变异形式的运用,使原本平静的画面充满生命力,赋予画面新的内涵。

色彩的变异形式,可以打破单调的画面。在航拍摄影创作中,运用垂直俯摄的视角,将画面中的被拍摄物压缩成为一个点,并将其安排在画面中圆形和直线的对称点的位置上,这个点也是整个画面的正中心,被拍摄物的影子形成黑色的点。在黑灰色的富有秩序感的画面中,加入白色的直线和圆形,白色成为颜色的变异,黑色的背景和白色的线条形成鲜明的对比,以黑衬白,用色彩的变异形式增强画面的视觉冲击力。

方向的变异形式,能够创造新颖的视觉效果。在航拍摄影创作中,画面左上方向右移动的人影和右下方向左移动的人影相呼应,方向的变异形式的运用营造出和谐的画面效果。拍摄中,使用画面中有秩序排列的线形元素分割画面,将画面分割成三大部分,增强了画面的空间感。利用线形元素的引导作用,吸引观者的视线,提高了画面的视觉效果和美感。

2. 对比的形式运用

对比,是把具有明显差异、矛盾和对立的双方安排在一起,进行对照比较的表现手法。对比形式可以产生强大的视觉效果。在航拍摄影创作中,运用形状、大小、色彩、明暗、动静、虚实的对比形式进行摄影创作,能够给人以深刻的印象。形状的对比形式,能够增强画面的表现力。如可以将右边和下边两条笔直的线相交,色调浓重,吸引着观者的视线。左上角的大面积的留白与其形成大小对比关系,线与面巧妙地结合,形成一个平面的效果。最右侧三条横线伴随着斜线的阴影,呈现出立体感的视觉效果。几何形的组合稍显呆板,图中加入了两个随机动作的人影,模仿远古岩彩画人物形象，活跃了整幅画面的气氛。大小的对比形式，能够起到突出主体的作用。

色彩的明暗对比形式，能够很好地塑造画面的立体感。如在航拍摄影创作中，可以采用侧逆光，运用垂直俯拍的视角，将人的影子挤压到画面中。树木的阴影形成抽象的面，大块的面给人无限的想象力。运用纵向线条分割画面，将画面分为两个部分，左边画面明亮的地方留白，将人物放置在右边画面明亮的地方，突出主体。又如，使原本熟知的事物虚幻地抽象为一个平面符号。在组织画面时，忽略事物本身，将所有的投影加以组合，给照片增加了许多的趣味性。整个画面中，被拍摄物的周围留下大片空白面，能够较好地突出主题。

动静的对比形式，能够制造画面气氛、抒发情感。航拍摄影创作中，通过对点、线、面构成元素的不同组合方式，营造一个“虚拟”的空间，将观看者内心感受进行解构，将形象进行重塑与再造。如人物的影子形成数个黑色的小点，静态的点与动态的点产生静与动的对比关系。同时，左侧的点与右侧的点还产生了多与少的对比关系；疏落的曲线和密集的直线，形成鲜明的对比。

3. 重复的形式运用

所谓重复，是指骨格的单位、形象、大小、色彩和方向等都是相同的，也就是说，在同一设计中，相同的形象出现过两次或者两次以上。重复可以使画面很好地进行统一。在航拍摄影中，运用形状的重复、方向的重复进行摄影创作。

形状的重复形式，能够制造画面气氛、抒发情感。运用线形元素的重复排叠关系营造某种氛围，采取的排叠方式不同，营造出来的氛围也不一样。如采用多条横线平行排叠，形成一个完整的面，给人一种平静、舒缓的感觉，画面稳定无奇。

方向的重复和有规律地排列，使画面产生节奏感。在航拍摄影创作中，通过运用无人机垂直俯拍的视角，将画面中被拍摄物的影子压缩成为一个个黑色的大小不一的点，这些形状和颜色相似的黑点，按着同样的方向进行排列，点在空间中的位置、排列秩序，营造出庄严的氛围，与升旗仪式相融合。画面中的点有规律地重复排列，形成一条条线，使空间富有美感又井然有序，使画面得到升华。

4. 空间的形式运用

空间的概念，是指立体形态在空间的二次表现。体现空间美是摄影作品的重要内容。传统摄影的画面形成依赖于在真实空间中的某一特定角度，强调出摄影的真实性和纪实性的品格。随着摄影科学技术的不断进步，以及长期以来的摄影创作和理论研究，人们对摄影艺术自身的特征和潜力的认识也在不断地深化，对空间的表现和探索已经大大地超过了常规的视角，摄影艺术探索的空间及视域呈现多样化趋势。

(1)运用点、线、面元素增强画面空间感

垂直俯拍是航拍摄影最常见的一种拍摄角度，这种角度可以让摄影师能够很好地去利用画面中的点、线、面元素，去塑造画面。在航拍摄影创作中，运用无人航拍机垂直俯拍的拍摄视角，进行高角度拍摄，强化画面的构成关系，增强画面的节奏感。把熟知的现实世界和事物抽象化、陌生化，从而形成一幅二维的点、线、面构成的画面，增加了画面中的空间感。如将画面中人物的影子作为点，运用点的疏密营造画面空间感。将其他的点分布到画面的下方，产生下沉的心理感觉。同时，在画面的空间布局上，运动的点和画面下方静止的点，形成了动静对比关系，起到填充空间、活跃画面氛围的作用。画面中的线条可以分为实线和虚线，运用画面中左侧和右侧的纵向线条对画面空间进行空间分割，划分出画面空间的主次关系和内在联系。面的形成和存在具有丰富画面空间层次的作用，将地面的矩形、圆形作为面，利用面的空间大小来营造出画面的空间感。

(2)运用明暗色调塑造画面空间感

明暗是建立画面空间秩序的主要因素，运用明暗变化，可以让照片变得立体起来。在航拍摄影创作中，可以利用光影关系的抽象符号来反映各物体之间的空间关系，光和影的抽象构成打破原有的空间结构和形态，对被摄对象进行二次塑造。通过垂直俯拍的拍摄角度，明与暗互相挤压，把三维空间压缩成单纯的平面图像。阴影区和强光区形成边缘清晰的不同形状，具有强烈的抽象趣味。整个画面的若干小色块，都是上浅下深，方向一致，形成同构，整个画面和谐统一、生动有趣。采用中午表现感较强的硬光，利用侧、逆光以及垂直俯拍的拍摄视角进行拍摄，形成画面明暗对比。

变异、对比、重复、空间是构成空间的主要表现形式，它们在构成画面的形式美方面具有极其重要的意义，代表着不同的情感和心理特征，其具有丰富的表现力，能表达各种意义。通过对航拍摄影创作中的构成形式探析，可以看出，以构成形式作为航拍摄影研究的一种理论依据是可行的。航拍摄影通过运用画面中的构成形式，可以将对摄影艺术的理解升华到一个更高的层次。

（二）城市人文作品航拍摄影的审美特征

1.“虚实相生”的虚幻美

“人但知有画处是画，不知无画处皆画，画之空处，全局所关，即虚实相生法，人多不着眼空处，妙在通幅皆灵，故云妙境也。”在航拍摄影创作中，黑白互为虚实。运用虚实的对比，相互转换来烘托主题，营造意境。点、线、面的疏密，空间的大小，光影的明暗，节奏的快慢等对比，这些对比关系都可以用来塑造画面。

通过运用虚实对比关系，平衡画面。如黑色的瓷砖、人影、圆形台阶的影子分别呈现出点、线、面，在整个画面中巧妙结合，利用傍晚的光线进行拍摄，将画面中的人影拉长，人影成为长短不一的线条。深色的瓷砖成为了点，灰色的瓷砖成为了线，圆形台阶的影子成为了面。后期调色中，加大画面的对比度，将杂物隐藏在深色的影子中，突出点、线、面的组合关系。

虚实结合产生立体感和纵深感，能够表现画面的空间感，启发人们的想象力，把观者的思维带入一种新的境界。在航拍摄影创作中，用实来安排画面空间，用虚来提高画面的视觉冲击力。如地面标识是实，电线杆的影子是虚。骑行的人是“实”，骑行的人的影子是“虚”。虚实对比的影子使画面富有层次感。运用电线杆的影子将画面空间切割为左右两个空间，将拍摄物分别安排在画面中的左下方和右下方的两个空间中。使观看者的视线随着虚的空间进行移动，画面产生动感，从而加强画面空间感的表现。

主体实、陪体虚，虚拟与真实之间的对比是艺术作品中最常见的表现形式。如在摄影创作中，运用无人机航拍在50～120米的高度拍摄，从平面设计的角度观看，照片将地面立体的场景压缩成平面图形，形成线条、图案和颜色的组合，营造出不同意境。

2.“蹈虚揖影”的光影美

中国传统关于“形神”之间关系的思想强调“以形写神”，它与西方艺术不同，后者使用科学的视角来再现对象。中国画注重“写意”，逸笔草草，一条线即可表现大千世界。中国的书法艺术也有“书之妙道，神采为上，形质次之”的说法。舍形而悦影，中国画画家利用影子提炼绘画造型。受此启发，在航拍摄影创作过程中，将影像形成的点、线、面构成元素进行重构，以营造一种美感。

摄影是光的艺术。航拍摄影创作中，在光影中找形、设计形，利用阴影去产生新的造型。影可以辅助具体的形象在二维空间里再现三维空间效果，而在二维空间中，影本身就是一个平面的造型。光与影能起到传情寓意的作用，光线在某种意义上还是一种抽象的视觉语言，能够独立地起到传达情感的作用。摄影画面中模糊的人影介于形象与抽象之间，符号指向更多的影像空间。在航拍时，将摄影的手法与传统绘画的技法融合，利用现代的数字技术和创作理念进行多元创作。如画面中人的影子，在傍晚光线的照射下产生的虚实层次的变化，非常接近中国水墨画墨的浓淡的效果，营造了传统的审美氛围。

影子元素的利用是对航拍摄影语言的新的探究与实验。在创作中，可以采用光影虚实远近空间关系、深浅浓淡色彩关系参与构图平衡画面。利用早晨和傍晚投影长、光线柔且润等特点，对阴影进行拍摄，使影调更有韵味、更有意境。在拍摄中，选用完全垂直的角度进行拍摄，这个角度贯穿整个题材，通过独特的拍摄角度和切入点给受众带来不一样的视觉体验。

三、自然风光航拍摄影创作

（一）自然风光摄影中的无人机拍摄技巧分析

1. 飞行技法与镜头设计

无人机与其他的航拍设备相比，有着轻便化的特点，不仅飞行稳定安全，而其技术的成熟让更多的功能可以实现，运动的多样化与镜头的配合，让画面具有了更多的可能性，而无人机的多向避障与智能跟随技术的发展，又增强了拍摄时的安全性。当创作者使用无人机拍摄时，由于场地约束小、移动空间大，所以拍摄的自由化程度高，拍摄出的画面具有多向移动的视觉动感效果。而无人机航拍技术运用到景观摄影的拍摄当中时，拍摄主体由远到近的变换会给人一种视觉上的冲击力。当近距离拍摄时，无人机在狭小空间穿越着飞行，又有一种深入探访、“求知奥妙”的隐喻意味，这既展现了无人机航拍镜头的设计表现手法，也展示了无人机高超的飞行技法。随着飞行技法的成熟，航拍的镜头设计感也逐渐丰富起来，这也给景观摄影带来了新的视觉呈现。

无人机在航拍过程中，飞机的操纵技术与镜头的运用方式都很重要，两者只有配合得当才能呈现出完美的拍摄效果。光线与构图在镜头的设计语言中最为重要，无人机航拍比起普通拍摄有着更高的自由度，而任何高度都需要其角度的衬托才能达到构图的完整，光线的运用会使画面色彩与艺术效果更加丰富。无人机航拍在拍摄景观摄影时对镜头的角度和镜头内部的构图要求极为严格，当看到镜头内的构图并不完美时，需要操控无人机进行环绕式飞行寻找新的拍摄位置，找到其最佳的拍摄角度和高度，来达到完美的效果。影响无人机飞行技法的条件也有很多，拍摄的时机也非常重要，光线、天气、时间点都是影响拍摄画面质量的因素。

无人机航拍的操纵技术并不仅仅是指飞机飞行过程中的技术，还包括前期对环境的选择、对周围物体的判断、对周围环境的了解、选择合适的高度等，以确保不会在飞行过程中由于操作的失误而发生碰撞坠机，这也是无人机航拍操纵技术中十分重要的一环。无人机具有俯瞰视角和灵活性的特点，这使得在飞行过程中能够更好地设计出各种角度的镜头，这些镜头能够充分体现出画面的空间感、速度感。因此在无人机航拍中，要利用飞行技法体现出画面的空间感和纵深感，而不是全程通过单一的鸟瞰视角进行拍摄，使画面失去活力。在《航拍中国·新疆》中，画面的切换都是由这些大跨度的俯瞰视角进行串联，在不同的空间进行穿插叙事，不仅表现出了生动的画面感，更使得区域与区域之间的航拍画面衔接得生动自然。如笔者在拍摄阿尔金山野驴时，无人机跟随着野驴的奔跑从高空慢慢降落，奔跑的野驴始终在画面中形成一条斜线，运用不同高度与角度的画面切换，由远到近的图像切换，使画面具有视觉冲击力。

2. 拍摄技术与视觉呈现

无人机航拍呈现出了与普通视角不同的视觉景观,而无人机航拍的技术有很多种,全景摄影在无人机航拍的技术中体现得尤为重要,在全景摄影看似流动的画面、概括场景宏大的照片中,实际上是通过后期制作对凝固的画面进行拼接,并通过技术处理,制造出一个概括全面、有空间感和立体感的照片。随着无人机技术的发展,全景摄影变得越来越智能化,在确定好高度与角度的同时,把拍摄模式改为全景拍摄,而全景摄影又分很多种:球形全景、超广角全景、广角全景、竖幅全景,每种全景表现出的视觉效果不同。当无人机开始飞行观察周围景色时,可使用球形全景对周围环境进行拍摄,这不仅能观察周围的环境,更能对每一个区域进行拍摄留存。摄影是时空分离的艺术,即拍摄的空间与观看时间是分离的,但超广角全景和广角全景就可以把当前的画面记录下来,通过全景摄影拍摄与拼接,可以把照片的细节放大,让照片的每一个点都是细致的、清晰的。同时,全景照片可将全景展示和局部观看融为一体,让观众看到景观的全貌,使得画面具有视觉冲击力。

与普通照片相比,全景摄影的视觉呈现有着无法比拟的视觉冲击力,但是画面会产生畸变和失真。归根到底,它仍是静止画面的拼接,所以在后期的制作方面尤为重要。如笔者在拍摄全景摄影时,前期需要把看到的整个画面进行对焦拍摄,然后统一天空与地面的曝光度,这样才能让观看者有真实的视觉体验。在后期拼接过程中,照片调整到统一亮度,并在Photoshop软件中进行拼接组合,将照片拼接的接点进行羽化处理,让过渡变得自然柔和,当拼接完整个全景照片的时候,再进行整体的调色以及亮度处理,调整后的照片效果如同现场超广角拍摄一样,不仅看不出拼接的痕迹,而且整个画面就像一幅画一样,生动自然且有层次感,这可以让景观摄影的画面有着新的表现方式。

3. 无人机航拍的自然风光陌生化表现

在拍摄技术与飞行技法的独特性上,无人机航拍的优势就体现出来,这种高角度与广阔视野共同营造的视觉效果,在地面是很难拍摄到的。与地面的拍摄视角相比,无人机航拍使用最多的是鸟瞰视角,这种航拍技术更有助于我们了解身边那些景观所带来的全新视角，让人们感觉明明在看经常见到的景观，却有一种陌生感，这种视觉感受既熟悉又陌生，让人们可以从另一个视角重新认识这一景观，从而创造出视觉体验新维度，也为作品带来传统摄影无法比拟的奇观视角和新颖感受。使用无人机航拍进行景观摄影拍摄具备景观陌生化，把平淡的景观摄影拍摄出景观奇象化的神奇效果。

航拍景观作品的鸟瞰化视角，对于普通观众来说是一种新的视觉体验，当眼前的景观在人类视角进行观看时看不全，而使用无人机的鸟瞰视角观看会使它的外观、空间关系发生一些视觉上的改变，但是却又没改变景观本来的面貌，从而让人感到些许陌生化，进而产生不同的特征形象，打开了人们观看世界的全新眼界。这种反常态的俯视观看视角，让原本熟悉的景观奇特而生疏，而正是这种陌生而新颖的拍摄角度，加深了人们对画面的审美印象。如纪录片《航拍中国》中，有许多我们熟悉的场景，当无人机从空中俯视拍摄时，这个场面似曾相识却又与传统视角的视觉感官不同，这能让我们感受到眼前的场景非常地熟悉，却又有一些视角的陌生感，进而产生一种亲切感和真实感。

（二）自然风光航拍摄影的视觉呈现

1. 光线的运用

光影被誉为是摄影中的灵魂，不同的光线对于拍摄有着直接的影响和艺术塑造，也体现出不同的视觉效果和冲击力。摄影最早出现时，就运用了光和影的关系。因为有了光影，人们可以在摄影作品中看到时间、地点、主体、情绪，同时也能明确作品中的主次关系，区分明暗关系。如拍摄草原日出时的盘山公路，当日出的时候光线正好照射在了森林树木上，具有光影的立体感，太阳的余光让整个画面显得生机盎然。在操控无人机飞行到左侧方向，让日出的光线从左上方呈散射状映入画面中，在云台相机上设置降低曝光补偿，只让光线进入画面中，这样既符合了自然风光的拍摄主题，也让画面中的光线效果得到了充分的展现。

在无人机航拍自然风光的创作中，自然光是最为常见的光源，自然光作为一种重要的自然因素，对于艺术家的创作有着至关重要的作用。世界著名的摄影大师维多里奥·斯托拉罗就非常重视光线的艺术创造作用。他认为，光是一种非常重要的东西，它给你一种世界观，它造就你并改变你。无人机航拍过程中的很多时候都是在自然光的条件下拍摄的，而自然光为其带来了无数的变化和可能性。如在苹果树林拍摄时，清晨的阳光透过大气照射在果林上，会使画面颜色显得通透鲜明，为了表现画面中的光影关系，在拍摄时需要压低曝光，让画面的明暗层次显现出来。在技法上由于拍摄主体较小，不适合高空大面积拍摄，应使用无人机低角度侧面飞行拍摄，侧面的光线照在树上使其光影关系明确，并且留下长长的影子，这样强化了画面的立体纵深感，使整个氛围被烘托得非常柔和，光线照射到所拍摄的物体上使其光影关系和立体感都表达了出来，这张低角度航拍作品不仅把光影关系表现了出来，还使得画面具有一定的空间立体感。

2. 航拍构图

透视是摄影艺术呈现的重要手法，在自然风光的作品创作中，由于俯瞰视角会拍摄到许多传统视角看不到的大地纹路、山川地貌等，而正是这些细节能体现大地之美，从而展现作品的视觉美感。

构图有许多表现方式，最常用的有黄金分割线构图。高空航拍时，高山、湖面、森林、草原等，都可以用到黄金分割线以及九宫格构图法则。对比法构图也常运用，包括明暗对比、大小对比、疏密对比、色彩对比、远近对比、冷暖对比等。此外，航拍构图形式还包括对称式构图、交叉式构图、曲线式构图、向聚心力构图、对角线构图、放射状构图等。如在高低不平的山地阶梯中，线的高低不同也形成了空间感和立体感，而小路夹杂在中间，即显出了和谐对称，也使整个画面更加融洽，拍摄照片时要低角度取景，不能露出天空，这才能使其纹路展现得自然，也会让人看到不同的线条从而产生不同的联想。

在航拍画面中线是出现最多的，不同的线条会组成不同的面，有幅员辽阔的山地面，也有梯田的层次面。在拍摄时使用俯瞰拍摄的手法，由于距离源头很远，为了节省电池的消耗开启速度模式，先将无人机升到高空再往前飞行，当到达了源头上空调整摄像头俯视，然后旋转无人机让画面不仅有岛屿，还有碧绿的湖水，这样会把图片的色彩纹路表现得淋漓尽致，不仅使照片中河流形成的线得到了很好的应用，也把岛屿的面分割成了几块，在线与面的穿插中使画面更加生动，并在色彩的衬托下，构成了画面不同的元素，表达着各自的视觉效果，也展现出了大自然的魅力所在。

3. 画幅与对焦

大画幅云台相机在航拍摄影中尤为重要，从摄影技术意义上讲，大画幅感光元件能使摄影作品的清晰度、色彩饱和度保持最佳状态。使用大画幅感光元件云台相机拍摄所达到的效果是其他低画幅无人机无法比拟的。从拍摄的技术上进行对比，只有大画幅摄影才能拍摄出更细腻、表现力更强的作品。严格地说，大画幅的核心优势是放大倍率低。由于放大倍率低，能带来较高品质的影像质量。获得大画幅作品的途径有两种，一种是使用较大画幅的航拍相机；另一种是拼接摄影创作。无人机在大画幅拍摄中，如在拍摄某一座大桥时，由于桥体过于长，所以照片由多幅照片拼接而成，这样不仅使画面宏大，而且细节处理到位，特别是对焦点平面的控制，以达到影像清晰，在飞机飞到能看清整个大桥桥体时，中心对焦点需要在桥体的正中心的位置，这样在后期合成中才能使桥体位于视觉中心。而天气对于拍摄效果也尤为重要，如果雾天能见度低，逆光拍摄，最后的成像效果可视度差、画面粗糙。因此每次拍摄时都要认真进行对焦操作，使得画面清晰，图片细节展示到位，使画面更具有完整感。

横画幅多以展示宽广辽阔、宏伟壮观、大气蓬勃的题材，而拼接长画幅，更能表现辽阔的地势地貌。在这种特殊地势地貌的拍摄中，普通拍摄很难满足其照片的宏大，以及空间感受强烈的视觉感，所以要在日落时进行全景拍摄。当光线把视觉中心照亮而周围压暗时，利用无人机进行多次拍摄，可形成较强的空间感与立体感。如拍摄大峡谷的全景照片，在崎岖不平的山脉中，雪山与道路相融合，透视感非常强烈，当晴天又有云的时候使无人机飞到高空，降低曝光，取景以地面为主，进行拍摄，拍摄出巍峨的山峰，长幅横向的视觉感会让人感受到大地的广阔，而这种高清晰、宽视域、层次丰富的视觉体验，也成为了新的摄影画面表达方式。

而这种全景横幅摄影，不仅表现出了眼前所看到的广阔场景，更能把真实的细节还原，由多幅照片拼接而成的全景横幅照片，把每一个细节表现得淋漓尽致，如此清晰的观看，使作品观者也置身其中。

航拍的对焦非常重要,是摄影作品拍摄成功的重要保证。早期的无人机无需对焦,多采用傻瓜式相机和泛焦镜头。随着无人机技术的发展,以及对高质量高像素作品的要求,手动对焦、光圈优先对焦、速度优先对焦等都出现在不同类别的航拍无人机上,从电子光圈到机械光圈,光圈达到了专业级别,对焦模式也有单次对焦、连续对焦、追踪对焦和手动对焦。每拍摄一张图片,都要习惯性的确认对焦,选择画面中对焦距离范围内的比较容易对焦的点、线点击确认对焦。在MF模式下,将无法通过点击屏幕来进行对焦,要切换回AF自动对焦模式,再点击对焦点进行对焦。

任务2 航拍视频创作

一、航拍视频前的准备工作

无人机航拍受制于很多因素,如续航能力、天气、距离、高度等,考虑到拍摄的实效性和高效性,在拍摄前需做好准备工作。

(一)了解相关飞行政策

我国民用无人机按照重量可分为七类,目前广泛使用的消费级航拍无人机一般都属于"轻型"(最大起飞质量不大于7千克)范围内。轻型无人机暂时不需要飞行证照,但要进行实名登记,飞行需了解无人机带来的风险,并熟悉无人机的操作流程。在操作无人机飞行前,使用者需要在应用程序上查看航拍区域是否允许飞行和拍摄,注意避开机场净空保护区、军事区域、政府机关等敏感的地带,远离机场、车站、广场等人口密集的地方,同时一定要查询当地的相关法律、法规、政策和特殊时期的管理规定,在合法、安全的情况下完成进行航拍。

(二)熟悉航拍区域

拍摄前,使用者可以使用地图软件对航拍区域进行了解,即通过地图软件中的"卫星视图""3D俯仰图""全景地图"等强大功能对地理环境、高空建筑、地面视角有清晰的概念,也可以找到拍摄主体、建筑地标、道路线条等重点拍摄画面。有条件的话，应提前前往拍摄区域进行实地查看，寻找水平且视野开阔的起飞地点，了解周围的人流情况，了解空中电线、树枝、建筑物的高度，以及鸟类等飞行障碍物的情况，并勘探地面是否有高压线、信号塔、金属铁板等信号干扰源，以提供安全的飞行环境，同时寻找足以引发观众视觉震撼的元素和信息，模拟拍摄线路。

（三）撰写航拍脚本

航拍不是盲目的随手拍，不能单靠现场的发挥，需要提前做好计划、写好脚本。使用者要充分利用前期对拍摄区域的熟悉情况，科学规划航线，计划出飞行的高度、路线，预估安全飞行的速度，在此基础上对要拍摄的影像、表达的想法、达到的效果，通过文字、简笔画等形式进行初步的呈现，得到拍摄的脚本。脚本中一般包括拍摄地点、内容、飞行路线、镜头时长、镜头手法等内容。在制作脚本过程中，使用者应充分考虑到无人机飞行时间、航线是否安全、飞行拍摄的最佳时间、航线画面美感、特殊天气下飞行安全等多方面因素。

（四）无人机检查准备

消费级无人机的航拍机智能性高，一般不会出现技术故障，但仍需在起飞前对无人机进行细致检查。首先，要检查飞行器零配件的损坏情况，观察外壳是否破裂，桨叶磨损是否需要更换，零件是否松动，以免影响飞行安全或飞行稳定性。其次，检查传感器和线路的连接情况，确保遥控器与飞行器对频无异常，提前进行固件版本升级，并进行指南针校准。最后，要确保遥控器、无人机的电量充足，内存卡剩余容量充足，各类拍摄参数设置准确。

二、航拍纪录片创作

（一）航拍纪录片概念界定

纪录片是影视艺术诞生时的最初形态，从《工厂大门》《火车进站》开始，人们都在用影像记录真实的场景。人类历史上第一部采用了航拍技术的纪录片，是飞机发明者莱特兄弟拍摄的《威尔伯莱特和他的飞行器》，片中展现了空中拍摄到的画面。航拍作为一种新奇的、视觉冲击力强的拍摄手段，受到了当时创作者的喜爱,在20世纪初期的各类影视作品中,都可以找到很多航拍画面。[①]

我国第一次使用航拍技术制作纪录片是在1980年,日本NHK电视台协助央视制作了《丝绸之路》系列纪录片,虽然片中仅使用了少量航拍镜头,但取得了很好的播出效果,受到观众喜爱,进而催生了后来的《话说长江》《大黄河》等优秀的纪录片,航拍镜头的时长也越来越长。

近年来,航拍技术取得了一系列突破,制作成本不再是主要制约因素,全世界范围内集中诞生了一批优秀的航拍纪录片,如《鸟瞰中国》《鸟瞰德国》《航拍美国》《航拍中国》等,这些航拍纪录片中的航拍镜头所占比例进一步增加,甚至有一些做到了全片采用航拍镜头的"全航拍"。由于拍摄方式的独特性,这些纪录片在画面构建、叙事手法、美学思考等方面都与传统纪录片有所区别,笔者认为应当将航拍纪录片与运用了航拍片段的传统纪录片区分开,分别讨论。因现有研究中暂未发现其他学者制定区分标准,笔者对于"航拍纪录片"的认定,主要依照航拍画面与其他地面拍摄画面时间长度的比例来判断。例如,《航拍中国》中航拍画面与其他地面拍摄画面比例为10:0,《鸟瞰中国》中这一比例约为8:2,《鸟瞰德国》中约为9:1,《鸟瞰地球》中约为8:2,《飞越山西晋善晋美》中约为7:3,综合考虑技术限制导致创作手法的不同与叙事结构的区别,本书中主要探讨航拍画面与其他地面拍摄画面比例超过7:3的航拍纪录片。

航拍纪录片作为纪录片大类中的一种,首先具有纪录片的普遍特性——真实性,也就是格里尔逊主张的"纪录片应创造性的处理现实"。其次,航拍纪录片纪录的主体是人类活动、人类造物、人类生存的自然环境,人文性的表现方式与构思方法能够更好地表现纪录片的精神内涵。最后,航拍纪录片中的艺术性也十分重要,为了将纪录的主体更好地呈现出来,必然要使用艺术化的创作手法。除了这些纪录片的共性之外,航拍纪录片的重点在于航拍技术的应用,当今,航拍作为一种技术手段,广泛地运用于媒体领域,在电视剧、电影、纪录片、综艺节目甚至自媒体节目中,都能找到航拍的踪迹。

综上所述,笔者对"航拍纪录片"的定义为:采用各类航拍工具,通过空

①刘双岭. 基于时空特征的航拍视频运动目标检测研究[J]. 软件导刊,2017,16(11):144-148.

中俯瞰的视角，拍摄各类区别于地面视角的客观事物，并通过影像传递一种深层次思考，且全片航拍镜头时长占比超过70%的纪实性影像。

航拍技术的发展和应用使创作者们不再满足于在纪录片中使用部分航拍镜头，开始尝试全部使用航拍视角创作的纪录片，即为“航拍纪录片”。我们在探讨航拍纪录片时，不能够忽略航拍作为一种特殊拍摄方式的技术本质，相对于普通摄影，航拍更加依赖于科学进步与技术实践。回首不长的航拍发展史，摄影器材、航拍载具不断迭代，从最初借助动物，到今天的远程遥控，航拍画面的制作方法发生了巨大的改变，这些具有时代技术限制的特征鲜明地体现在同时期的航拍作品中。对航拍纪录片进行研究，必须从历史角度出发，才能更加宏观地总结航拍纪录片的进步与发展，体会不同时代航拍画面俯视背后的意义。

（二）无人机航拍技术应用于纪录片的可行性分析

无人机是通过无线电遥控设备或机载计算机程控系统进行操控的不载人飞行器。早期，无人机主要被作为靶机来使用，后来逐步被应用于空中侦察、电子对抗、目标定位等领域，继而随着无人机航拍技术的不断进步，逐渐被应用于生态环境保护、矿产资源勘探、海洋环境监测、水资源开发、农作物长势监测、自然灾害监测与评估、城市规划管理、森林病虫害防护与监测、公共安全、国防事业、数字地球以及广告摄影等领域，有着广阔的市场需求。其中，影视产业可以说是除了勘测领域外与无人机航拍技术最为契合的产业，无人机航拍技术的加入使得电影画面不再受视角、空间等限制，能够满足多方位的拍摄，相比之下，此类电影艺术作品比传统的影像画面更具魅力与艺术感染力。

1. 影视产业与无人机航拍技术的相遇

卢米埃尔兄弟于1895年执导的《火车进站》记录了一列火车从远方驶近的影像，让观看的人们以为火车将要从荧幕里冲出来。固定的机位、黑白的画面、无声的放映，对于今天的人们来说是平淡无奇的，但是在一百多年之前是绝对值得被铭记的，那是人们第一次在屏幕上看到一个真实的、动态的画面。至此，技术也逐渐成为身体感知系统不可忽视的一部分，随着人类对于电影的不断深入探究，电影本身的技术水平也随着时代的发展稳步上升，技术革新也成为了一直以来的趋势。

影视技术的进步经历了从黑白到彩色、从无声到有声，再到当下胶片至数字媒体时代的一系列过程，数字化的表达也使传统电影产业发生了翻天覆地的变化。

无人机航拍技术的出现，使影视作品可以利用无人机拍摄更多存在于大家想象中的画面，也进一步让电影中的环境、场景等变得更加多样化，这不仅能够对影视后期制作速度有所提升，也会为其增加独特的艺术效果。

无人机航拍技术能够在影视作品中有更好的使用价值，是基于无人机航拍技术本身所具有的一种独特的影像显示功能的技术。人们能够从绝大部分纪录片作品中看到一幅幅真实的画面，如纪录片《二十二》中呈现的环境，以此烘托出影片整体色彩基调，这类纪录片借用航拍技术，最主要的目的就是为了能够展现整体大场景，更强调对真实的塑造。与此同时，人们能从部分影视作品中体验到强烈的现实感，如在纪录片《航拍中国》《鸟瞰中国》中独特的俯瞰视角，会产生强烈的立体视觉体验。在诸多影片中，无人机航拍技术的应用能很大程度上实现编剧和导演别出心裁的镜头视觉需求，并在画面中能感受到各个方向移动的层次感。

2. 无人机航拍纪录片的出现

对于大部分影视作品而言，无人机航拍技术能够为后期的创作提供更多的可能性。纪录片作为传统的艺术形式之一，无人机航拍技术在纪录片中的巧妙运用能够赋予观众与众不同的视觉感知。航拍类纪录片是通过无人机的镜头来进行影像记录，并在画面上呈现出无死角的效果，通过全方位、多角度的拍摄拉近人与拍摄真实场景之间的距离，不再仅仅停留在地面这单一的层面。可以这样来说，纪录片和航拍的目标都是内容的真实性、完整性，航拍纪录影片在很大程度上进一步维护了拍摄主体的完整性，将很多不可能逐渐变成了现实。

一部优秀的纪录片能够激发观众的国家意识与民族自豪感，在某种意义上是对于国家形象进行的一次成功的影像建构。2017年《航拍中国》第一季一经播出便受到了社会各界的广泛关注，影片分为新疆、海南、黑龙江、陕西、江西、上海6个单元，分别展现了中国东、南、西、北4个方位大相径庭的地形地貌、气候环境、自然生态，纪录片以空中视角俯瞰祖国大地，赋予我们全新的角度来重新审视美丽中国、生态中国、文明中国。基于第一季的成功，2019年《航拍中国》第二季的播出在延续第一季成功的元素的同时，更利用多种新兴技术手段营建了全新的影像话语体系，通过故事化的叙事将影像画面展示在大众的眼前。作为一部成功的航拍纪录片，央视首次尝试通过运用无人机、载人机以及轨道卫星来进行影像创作，这种探索和拓展有着举足轻重的价值，同时给未来纪录片的创作以诸多方面的启迪。动人心弦的音响辅以精美动画、音乐、文学，《航拍中国》给人们带来了美轮美奂、令人陶醉、极具视听震撼的审美享受和文化飞行之旅。影像美学在《航拍中国》第二季传播中所发挥的作用，超过创作者的预期，对整体纪录片行业而言，《航拍中国》本身所体现出来的技术水平代表了中国纪录片乃至于国际同行业最新的航拍技术水准。就目前来看，出色航拍类纪录片的相继出现，吸引了大量的观者，因此不断有新媒体公司投入新技术纪录片的创作与拍摄，国内外已经出了很多优秀的作品，也正持续着力于探索不同类型的航拍纪录片创作。

被誉为纪录片之父的弗拉哈迪曾说："所有的艺术都是一种探险的行为，而所有的艺术家的成就与功过也都在于不断地发现。"由此可见，无人机航拍技术与纪录片的结合是大势所趋。从本质上而言，无人机航拍技术所纪录的场景能够给观者带来身临其境的体验，给传统纪录片的拍摄带来诸多新的变化与思考；于叙事方面而言，无人机航拍纪录片突破了传统固定地面拍摄的局限，能够让观众以空中视角来获取视觉信息。无人机航拍技术应用于纪录片至今，不仅形成了纪录片中独特的视听体验，彰显出真实美，更是打破传统纪录片拍摄的固有理念，对航拍类纪录片的进一步探索研究，势必会衍生出全新的叙事表达。

（三）航拍类纪录片当下创作瓶颈分析

新媒体时代的不断发展为纪录片带来了良好的发展机遇，然而不容忽视的是，创作者们使用各类无人机所拍摄的航拍类纪录片存在一定的视听缺陷。目前我国纪录片创作人才较少，纪录片较之于其他影视形式处于弱势地位，在此情况下航拍类纪录片当下所面临的创作问题主要体现在同质化严重、整体叙事平淡、镜头语言认知不足几个方面。

1. 同质化严重

自20世纪90年代，中国文化逐渐向大众化转型，大众文化迅速崛起、蔓延，消费主义观念逐步渗透到文化的创造与传播进程中，“快乐”与“游戏”俨然成长为影视节目流行的标志。在这种较为宏观语境下，纪录片逐渐呈现出向商业主义与消费主义靠拢。与此同时，注意力经济、娱乐经济的升温也促使纪录片的创作理念逐渐发生转变。法国著名的社会学家布尔迪厄在《关于电视》中提道：“任何人想要创作某种作品，创作所谓的纯的作品，也就是不受销售压力所制约的作品，都不得不考虑当时的社会和经济状况。”回顾往昔，纪录片行业有过较为辉煌的时期，当下面临着商业化、市场化等方面的压力，这与中国媒体的商业化改革之路一脉相连，是整体市场经济大环境包括科学与艺术生产在内的所有文化生产活动所共同遭遇的困境所在。在此现状下，2019年，纪录片进入“网生时代”，网生纪录片丰富了原有广电体系下纪录片的类型化探索路径，在题材选择上更能满足观众需求，容易发生共鸣。

新媒体时代网络信息传递尤为便捷，低门槛的创作要求吸引了一批纪录片爱好者们的加入，然而自发上传的视频作品良莠不齐，一方面，大部分使用手机、相机等拍摄工具远远不如专业的制作设备，很大程度上直接导致了作品在画质、声音等方面的不足，一定程度上降低了纪录片的品质；另外一方面，新媒体环境下信息呈爆炸式增长，部分信息很容易被淹没，难以进行快速、有效的传递。在追求流量的当下，好的作品是受大众认可的，原创性较强的作品更受大众欢迎，但优秀的作品容易引来创作者们的纷纷效仿。倘若只是单纯的借鉴些许前人的创作经验，也是无可厚非的，然而存在部分创作者几乎是生搬硬套，甚至是原样搬运抄袭，看起来只是换了拍摄地点、人物，其他情节一概不变。在追求创新的年代，同质化的纪录片作品缺乏一定的创意性，自然自身影响力也相对较弱，对纪录片行业的发展也产生了诸多的影响。

无人机航拍技术应用于纪录片至今，不仅形成了纪录片中独特的视听体验，彰显真实美，更是打破传统纪录片拍摄的固有理念，因此对航拍类纪录片的进一步探索研究,势必会衍生出全新的叙事表达。然而想要拍出与众不同的作品,对技术层面要求相对较高,同时受其主题选择的影响,有着各自不同的特点,但是基本上都是以别样的视角呈现大场景,许多作品只是停留在意义的表层,没有对思想价值进行深入的挖掘,难以避免地使得作品显得十分空洞。现下将无人机航拍作为兴趣的大众越来越多,专业素养难免相对薄弱,在进行航拍时往往连续使用宏大视角镜头,创作出来的作品因此也是大同小异,给人大而空的印象,缺乏生命力与创新性,“术业有专攻”在影视作品的创作上尤为适用,想要创作出更有意义的作品,还需要创作者进行进一步的思考与探索。

2. 整体叙事平淡

就当代社会的文化景观而言,它整体呈现出如尼尔·波兹曼所说的“娱乐至死”现象:“所有公共话语都越来越多地出现在娱乐的情境中,似乎成长为一种文化精神。我们的政治、宗教、新闻、体育、教育和商业都心甘情愿地成为娱乐的附庸,没有怨言,甚至无声无息,其结果是我们成了一个娱乐至死的物种。”

在这种文化精神的影响下,各类影视作品呈现泛娱乐化,衍生出一系列以娱乐为主的电视节目、电影等影视作品。自20世纪90年代起,国家地理频道、历史频道、Discovery探索频道等一大批娱乐纪录片开始进入中国,这类节目叙事节奏快、故事性强,在制造悬念方面尤为擅长,十分吸引观众眼球。在这种影响下,我国也逐渐认为纪录片需要讲更多的故事,使节目更具娱乐性,于是衍生出了一批类似的作品。其中,中央电视台2001年推出的十套《探索·发现》定位为“拍观众喜爱看的纪录片,以故事解读的方式向观众呈现历史、地理、自然等内容,并通过各种电视手段进行表现”。从那时起,许多纪录片开始以故事化作为其叙事策略,然而,由于技术手段与和镜头语言的局限性,航拍纪录片在整体叙事方面很难呈现故事性,在很大程度上难以满足观众的收视心理。

航拍类纪录片的创作思路受各方面的影响,有着各自不同的特点,但基本上是以俯瞰视角,向世人呈现中国大江南北的经济、文化、旅游、生态等方面取得的重大成就。例如,纪录片《美丽中国》中阐释了“生态兴则文明兴、人与自然和谐共生”的新思想内涵，表现形式以鲜活的普通人物故事为切入点，生动反映了中国生态环境改善给群众带来的获得感和幸福感。不难看出，此类航拍类纪录片主张再现真实，然而却不能止步真实。事实上，纪录片所要求的真实性并不与故事化叙事相矛盾，它仍然可以在纪实的基础上讲故事，纪录片还需要依靠故事来丰富内容，才更能吸引受众。

3. 镜头语言认知不足

在进行拍摄过程中，往往会出现最终的呈现效果与之前所试想的有所偏颇，一方面，信号干扰对无人机会产生一定的影响；另外一方面，环境因素也需要考虑在内，如在空中大量的电线、高大的树木以及对航拍器感兴趣的路人等，均对航拍造成了不可忽视的阻碍。此外在部分影像中，云台的不稳定也会影响成片的效果，这便需要拍摄者进行拍摄预案，以期更好地完成拍摄。

对于无人机航拍的拍摄者来说，不仅要掌握无人机航拍的动作技巧，还要培养无人机航拍的空间意识，以及能够对镜头语言有着合理的认知与感知。就目前来看，近几年航拍行业迅速发展，然而广大受众对于航拍相关的专业知识难以跟上无人机航拍的发展速度。大多无人机航拍纪录片是用视觉张力很强的镜头堆砌而成，缺乏对镜头语言深层次的全面理解。同时，无人机的视觉效果和摄像机的运动还处于视觉感知的水平，缺乏系统的梳理和总结，这往往导致当前航拍类纪录片中出现“张冠李戴”现象，即在某些特定的场景中，使用了不恰当的镜头语言来表达，这便会产生适得其反的效果。

（四）航拍类纪录片的传播局限

随着我国互联网与媒介环境的迅速发展，纪录片作为媒介传播中的一种文化商品必然要走上市场营销的道路。然而就目前来看，我国整体纪录片的传播模式相较于电影、电视剧、综艺等还处在起步阶段。在宣传、营销、媒介等方面的发展相对落后，这也导致我国纪录片在传播与营销领域处于起步期。航拍类纪录片因其独特的拍摄技术，在创作方面存在很多局限性，在传播方面的问题尤为突出。

1. 传统媒体为主的播出渠道

目前,我国纪录片创作的内容和整体水平稳步提升,一大批优秀的纪录片逐渐出现在公共视野中,然而大多数纪录片的播出仍然依赖于传统媒体。就以往的纪录片来看,我国纪录片的播出渠道都以电视台为主,故而纪录片市场化的进程较为缓慢。随着时代的发展,媒体融合的趋势以及新媒体业态的出现和发展,在全球化背景下电视等传统媒体正遭受着致命的打击。

以传统媒体为主要播出渠道是阻碍当下航拍类纪录片发展的重要原因之一,就目前而言,切换频道和单向灌输信息已满足不了群众的需求。新媒体的灵活性让其更受群众欢迎,此外受众角色由被动转而为自主选择,这种受众角色的演变在很大程度上打击了传统媒体。当下,航拍类纪录片的播出渠道和营销模式还是以电视端为主,这导致受众失去了选择的权利,观众对播放内容的选择、播放进度的控制都具有很大的局限性,后续也无法及时获得观众所反馈的信息。由此可见,倘若长此以往一味地依赖于传统媒体而不改变市场模式,观众数量会逐渐减少。

近年来,我国航拍类纪录片在此方面也做出了有效的尝试,系列纪录片《航拍中国》将播出渠道拓展到了网络媒体上,受到了社会的广泛好评。证明了我国航拍类纪录片在保守的市场化进程中正在不断突破自我,然而在宣发与播出模式等方面还需要不断丰富,制订更为适合自身的传播策略。

2. 市场营销模式缺乏灵活性

从目前纪录片市场来看,相较于较为火热的院线电影、电视剧、综艺节目等影像,纪录片市场的竞争力较弱,市场化进程也更为缓慢,这同时也在一定程度上制约了我国纪录片的发展,其中也包括无人机航拍类纪录片。一方面,与院线电影、电视剧、综艺节目不同的是,纪录片的内容中鲜少有娱乐化的成分,以纪实性内容为主,这也间接决定了纪录片受众人群的局限性,使得在当下纪录片难以通过广告植入获得资金收益,导致整个创作团队资金收益缺乏。长期来看,大部分纪录片依靠电视台制作播出造成了创作模式固化,航拍类纪录片也面临着这样的问题,甚至是由于航拍类纪录片内容的专业性、特殊性,在其创作初期过程中存在更多的现实问题,市场更难以打开。另一方面,要想实现纪录片市场化,纪录片的质量是尤为重要的,当下我国航拍类纪录片的生产数量较为有限,大部分的制作周期较为长,很难在短时间内实现既保证质量又能规模化生产的创作目标。故而,我国航拍类纪录片在市场与营销方面的发挥存在着很大的不足,可做市场化尝试的航拍类纪录片少之又少。相较于其他类型的影像作品,我国航拍类纪录片在创新型的营销模式上尚未做出尝试与突破,这也使得大部分纪录片在播出后其传播效果并不能对困境有所改变。

航拍类纪录片作为特定时代背景下的文化产品,在当今媒介资源丰富、营销策略多样化的市场环境下,航拍类纪录片应当打破僵局,积极应对传播困境,参考借鉴其他类型纪录片的营销案例,进一步探索符合自身发展的市场化机制。

3. 社会舆论功能性不足

航拍类纪录片在传播过程中除了播出渠道与市场化所存在的不足之处,也忽视了对社会舆论热点的有效利用。在当下舆论环境中,我国在舆论平台的建设以及公共话语权的保护工作效果正在稳步提升,同时当下媒体环境的不确定性使得部分公共舆论也需要进一步进行关注和引导。我国目前的航拍类纪录片中所拍摄的地点、场景往往存在很多的不确定以及偶然性,然而后期部分媒体进行过度包装,导致很多地方失去了本来的面貌。我国航拍类纪录片还处在缓慢发展的关键阶段,承担了彰显国家风貌、体现国家软实力、纪录风土人情等相关功能与作用。在这般舆论环境下,航拍类纪录片在传播过程中应该更好地把握自身优势进行系统化的传播。

目前来看,航拍类纪录片大都通过电视等传统媒体传播,这种单向传播的方式无法利用社会舆论。想要能够与受众进行有效的互动,意见领袖的存在便不可或缺,通过意见领袖的传播不仅能够使得受众更大概率地受传,也能够让大家更积极客观地评价航拍类纪录片的内涵。然而目前来看,我国航拍类纪录片自身发展不够迅速,更无法通过意见领袖的影响力形成舆论议题。正是因为如此,更应该通过舆论场中的意见领袖形成讨论热点,以此获得真实客观的讨论声音,从而扩大对航拍类纪录片的人际传播。

(五)无人机航拍在纪录片创作中的美学意义

航拍作为纪录片创作的一种新兴表现手法,具有高空俯瞰独特的视角与多样化的空间运动方式，它不仅带给观众新奇陌生的心理感受，在潜移默化中也改变着大众的思维方式以及看待世界的观念，更是在美学意义上赋予了新的空间向度与审美意趣。航拍本质上表达的是时间与空间的关系，通过其自身独特的造型手段与审美意趣，使被摄主体与审美对象之间相互交融，通过有限的画面生动传神地表达出无限的意义，毫无保留地将运动美感展示给了受众，给观众带来审美上的满足。

1. 航拍类纪录片的审美特征

(1)自然美

无人机航拍纪录片主要是以航拍为手段，尤为注重视觉感受和镜头语言的运用，尤其是擅长以精美的画面、独特的航拍视角以及影像创意来展示大自然和城市建筑的波澜壮阔，让观者通过无人机航拍的画面感知大自然的魅力，最大程度感悟审美的高级层次。

(2)意境美

航拍类纪录片以航拍作为主要摄像工具，灵活的机位调度使所摄画面具有空间宽阔、视野宽广的魅力。其功能不只是简单机械地记录和宣传，更能通过自身灵活的调度特性，寻找到最好的摄像机位进行主观性的创作，以创意为出发点，利用航拍手段将被摄主体的形象诗意地展现出来。

(3)人文美

在航拍类纪录片中，记录了城市发展变革、人们的生活与社会活动、文化的传承与交流，彰显了浓郁的人文关怀，表现了人文之美的深刻内涵。航拍类纪录片作为一种独特的表达形式，将人文之美融入精美的画面之中。

2. 航拍类纪录片的审美突破

(1)影像空间的重建

在无人机航拍技术应用于各种影视作品拍摄之前，影像空间的建立基本都是依靠摄影师的脚步来描绘的，摄影师的脚步到达的地方就是影像所至之处。正如唐代诗人苏轼在《题西林壁》中所写："横看成岭侧成峰，远近高低各不同。不识庐山真面目，只缘身在此山中。"苏轼对庐山的理解取决于他身处庐山的具体位置，他的审美意识只能在有限的范围内产生共鸣。无人机航拍的应用和相关技术的不断革新，在很大程度上颠覆了观众对于传统影像空间构成的理解。目前,依靠高新技术无论身处何方,我们都可以对周围的环境进行全面的重建,以此获得不同的影像感知。

(2)影像空间的变换

无人机航拍所拍摄的影像与摇臂、导轨、斯坦尼康图像的最大的区别在于其自身载体的灵活性,也就是说,无论是在距离上还是在轨道上,对无人机的限制都比较小,它往往能实现大规模运动和多角度复杂轨迹的综合变化,从而给观众带来全新的审美变化,这种镜头的变换往往可以将原本层叠的复杂场景向纵深方向展开,使其变得更加有序,并以线条和图形的形式呈现给公众。

在宏观层面上,当摄影机在地面上进行拍摄时,纵向深度轴上的物体拥有无限层,这通常相对于高度轴是有限的。无人机通过角度的变换将原来的高度轴变为纵深轴,使原来的无限高度受到限制,即使是在同一个平面上,它也能够得到一个元素极为简单的画面,从而出现线条和图案。这种形式有助于形象化地展现一个场景,会给观众耳目一新的感觉。

3. 航拍类纪录片的审美表现

无人机航拍纪录片的表达形式,不单单是创意创新、科学技术、拍摄手法等方面简单组合而成的,更是一种影视美学上潜移默化地传递,无人机航拍只是为了达成这个目标的一种有效手段,但并不是我们所追求的重心,我们不能仅仅是停留在追求感官的快感上,而是要上升到艺术美学的层次。技术的进步能为我们在创造时提供更多的可能,也为作品的完成提供便捷,但是也只能搭配与之符合的艺术思路才能将其价值更好地体现出来,通过技术与艺术的完美结合,才能产生更为奇妙的影像表达成果。

(1)全新的视域与角度

从高空往下探望的角度对芸芸众生进行俯拍,是我们平常生活中很少能看到的景象,无人机航拍在很大程度上解决了这一问题,镜头升入空中把我们生活的景物全部囊括其中,给予观者别样的观感。无人机航拍能利用不同的角度和景别来展现影像效果的多样化,这是传统的拍摄方式达不到的,地面拍摄一般是采用平视或是仰视的拍摄角度,无人机的俯瞰视角为原本单调的视角体验增添了一抹彩色,并让本以为对周围世界很熟悉的人们,在这样的角度里产生了新奇感,对于影像艺术而言更是增添了精彩的一笔。

从美学的角度来看,无人机航拍纪录片能够将屡见不鲜的景色新奇化,也能将看似普通的场景变得极具特色。航拍的角度对于习惯日常生活中的视角的观众而言是一次神奇的体验,生活里的许多事物换一个角度观赏不但不会让人感到厌倦,还会因为新颖产生更多的情感色彩,如此一来,把熟悉的对象陌生化地再现出来,可以让我们更加全方位、更深入地观察生活,并且这也是一次全新的审美体验,这些新奇的视觉体验都源于无人机航拍技术的不断发展与革新。

(2)抽离与接近的奇观感受

无人机航拍这种带人进入"梦境"世界的神奇功能,满足了我们"扶摇直上九万里"的愿望,相对于细腻温情的细节场景,它更适用于表现宽广的大场景。无人机航拍擅长制造出运动性比较强的流畅镜头,这种处于连续运动中拍摄的方式也会存在不可避免的弊端,如对于大场景、大景别的影像过度展示,可能会让观赏者产生厌倦心理,要解决这一问题可以利用一些中间性的镜头进行调节,让影像的格调有轻重缓急、多层次,可以缓冲观者的厌烦感。这种由高及低、由大到小的拍摄手法不应只是一种镜头的剪辑和蒙太奇的表现手法,它更应该是一种美学层次的展示和艺术情感的表达,这也是一部优秀的航拍类纪录片应有的张弛、婉转。

(六)航拍类纪录片的叙事风格

航拍类纪录片产生的本质意义是传统纪录片与新技术相结合的全新的尝试,一方面,它颠覆了观众对传统纪录片的恢宏和正统的深刻印象,从形式到内容都给人耳目一新的感觉;另一方面,它在继承传统纪录片纪实的视听艺术的同时,也逐步发展出了自己独特的叙事风格。航拍纪录片的独特叙事风格主要体现在叙事视角风格化、叙事结构散文化、叙事节奏明快化和叙事视听语言多元化四个方面。

1. 叙事视角风格化

高空俯瞰如"上帝"般全知全觉的视角是航拍纪录片的一大特色,这种视角打破了常规拍摄所带来的固有的视野限制,以一种全新的姿态尽可能自由地、全方位地展现事物的全貌,极大地满足了受众心理与精神的双重自由需求。与此同时,高空俯瞰体现出一种美学态度,更强调一种宏观的叙事视角。

航拍语言的叙事是着眼于讲述特定空间中人和物的故事,它存在于现实,却又一定程度上超越了人们日常生活中的正常视域。在主观叙事中,叙述者不仅要做到表现叙事主体的个性,同时也要将叙事客体的特点呈现给大家。类似于传统摄影中的主观镜头,航空摄影中的全知视角既是叙述者的视角,也是观众的视角。例如,在自然风光纪录片中,航拍器拍摄到的画面是客观存在的实物,而叙事者在进行叙事表达时必然会加入个人的审美理念,观众实际上是跟随着叙述者的叙述角度,被动地接受画面的信息,全知视角带来的真实性在一定程度上已经被间接削弱。因此,叙事者应该在被摄对象和观众之间进行较为和谐地协调,在航空摄影所设涉及的各类影片当中,这样的协调应当作为航拍创作中必需要遵守的规则。

2. 叙事结构散文化

空中摄影作为一种技术性工具,突破了单一的视觉区域,拓展了影像表现力,打开了影视新的叙事方式的大门,同时航拍由一种单纯的拍摄手法,发展成了一种独特的纪录片类型。全知的视角给影像叙事带来了更多的可能,使影像的高度与角度等方面都有了很大的拓展,其所拍素材的表意自然也就丰富了很多。这种宏观的叙事角度打破了传统意义上的线性叙事结构,航拍纪录片的各部分的连接组合并不是基于严格的时间顺序或者因果关系,而是基于更复杂、更抽象的心理或美学原则,就像散文一样,形散而神不散,看似碎片化的情节组接,实际上这样的叙事方式有利于让观众思考画面之间内部的联系,让主题意味深长。航拍纪录片大多采用了散文化非线性的叙事结构。

法国纪录片《家园》这部影片全篇大致可以分为四个部分,一、二部分展现了远古时期至现代文明,绚丽的色彩、开阔的俯瞰以及那些自然景观形成的抽象图形和线条展现了大自然的鬼斧神工,旁白讲述着地球接近40亿年来的演化,当观众还沉浸在这场风光盛宴的时候,人类文明出现了;三、四部分主要讲述了人类出现对自然的改造,在这一部分中,主要展现了农场上的巨型收割机,拥挤不堪的人工牧场、铺满塑料的温室大棚、戴防毒面具全副武装的工人在喷洒农药、匀速摆动的石油开采机，呈现出人类文明与自然生态极大的冲突。这些画面与壮阔的自然景观交错闪现，旁白也开始以上帝视角，仿佛神明般地与人类对话。在影片结尾，急促地展示面对过去的罪过我们人类所能采取的补救措施，并暗示人类的未来仍在我们的手中。整部影片的叙事超出了常规的时空范畴，镜头的切换看似没有因果关系，实际上却在宏观上展现了一场人类与大自然的博弈。当人类对自然破坏的一个个镜头、一个个场景组接起来，汇聚在一起，从各个方面展现了人与自然冲突的严重性，通过板块式结构建构环保的主题。航拍纪录片的镜头看似组接而成，实则具有很强的故事性，借助蒙太奇手法能够将拼接镜头在观众思维里形成上下文关系，打造一个可供想象的空间环境。

在国产航拍纪录片《航拍中国》中也是如此。《航拍中国》每集以一个大型地域轮廓为切入点和开端，先整体介绍这个地理区位的主要地形及组成部分，而后分成若干个小区域一一展开描述。如在第一集《新疆》中，首先向观众展示了整个新疆维吾尔自治区的地理位置及板块轮廓，北部阿尔泰山、中部天山、南部昆仑山脉，三大主要山脉围成了我国最大的两个盆地——塔里木盆地和准噶尔盆地，正所谓“三山夹两盆”地形；紧接着，故事从新疆维吾尔自治区中部的天山山脉开始讲起，探索天山周围的诸多景观，开启了影片的第一个故事板块；然后来到天山北坡，探访一片富饶的绿洲地带，构成了第二个故事板块；再从新疆维吾尔自治区最湿润的伊犁河谷、到沙漠绝境的北疆地带，构成了本集的第三、四个板块；之后，沿着阿尔泰山向北飞行，去探索人与自然的故事，由此进入了第五个故事板块；接着向南飞行，进入塔里木盆地，在大漠中讲述一段绝处逢生的故事；最后，跟随镜头，我们将体验一段极致之旅：从炎热的火焰山到寒冷的葡萄沟、从海拔最低的吐鲁番盆地一路爬升到帕米尔高原，体验地球上最高的石拱门，最终将新疆的终点设置在了喀什市，以此结束了旅行。

我们生活的客观世界本来就是多维度、非线性的，随着信息化的进一步深入，我们所处社会的浩大的信息量被网络媒体轻易地放置在我们眼前，在同等的时间范围内，单独的个体体验被迅速地连接在一起，个体与个体之间的联系变得轻易且频繁。我们关注周围人的处境，关注他们与我们的联系，关注他们之间内部的联系，这就是我们已经成熟的“非线性”的思维能力。可以简单地总结为，“线性”是我们对事物的总结，是思考的目的，是我们探究事物的更加深层的内里。它终究是直线的、单向的、中心明确的、相对静止的。而“非线性”是我们对事物的思考，是探究的过程，是思考过程中使用的手段和方法（研究的是事物之间的普遍联系），以保留过程中的不确定性来增加结果的确定性。它的形态便是网格状的、立体化的、无中心的、动态联结的。“非线性”的思维过程是为了得到“线性”的结果。航拍纪录片的散文化非线性叙事结构，让画面叙事更加客观，将事物真实地呈现在观众面前，没有刻意地安排跌宕起伏的剧情，带给观众的却是如此的震撼，直击人心。

3. 叙事节奏明快化

影视叙事节奏，作为一种有机的运动，是使叙事成为艺术的重要元素之一，是叙事行为的内在控制力。一般说来，影视作品的叙事节奏分为外部节奏和内部节奏，表现为外在形式和潜在内容的差异，外在节奏以内在节奏为依据，内在节奏又通过外在节奏外化出来，两者的有机结合共同构成了影视作品的节奏美。在电视纪录片作品中，外部节奏又称“话语节奏”，是指根据叙事语言的差异性表现出来的高低、起伏、强弱等方面的运动变化，主要通过镜头运动、画面剪辑、色彩变幻、音乐解说的轻重缓急来构成。在经典航拍纪录片《家园》中，由于航拍摄像机的特性，镜头运动不受空间移动的束缚，这就使得影片中的每个影像画面，或者说每个被摄对象都拥有了一定程度上的外部节奏感，影片的主要节奏是简洁而明快的，而不同速度、不同形式的运动镜头，会形成不同的画面效果。

如在讲述高大的山脉、广阔的草原、浩瀚的海洋、深邃的峡谷、辽阔的森林和荒芜的沙漠时，此时的镜头是相对舒缓的，这种松缓的运镜方式，能较好地展现庞大景观的震撼力，也给画面增添了一些深层意义，丰富了镜头的语言，让人回味悠长。而后面描写人类对大自然进行改造时的镜头运动速度加快，多种角度、多种视角地展示城市发展得迅速，镜头的快速运动暗示着人类对大自然的拼命改造，对地球资源的大规模损耗，随着镜头的不停切换，出现大自然千疮百孔的画面，加快的背景音乐也暗示地球环境的大规模损耗，营造出的反差感直接给观众带来极大的震撼。现代美学最显著的特征是对各种新奇事物的崇拜。如今,面对日益平庸、从众和惯例化的生活,许多纪录片创作者开始有意识地主动提高叙事节奏,以改变我国传统纪录片缓慢和冗长的叙事风格。航拍纪录片《家园》虽然看似宏大,但仔细品味后会发现,其中也包含着很多不同叙事节奏的镜头画面。

外部叙事节奏就是影片的剪辑率,一般在前期的创作中,导演组都会从各个地方进行踩点,并拍摄大量的镜头作为素材,后期在合成时则会不断删减、不断替换镜头,最终形成一个完整的段落和片段。航拍纪录片《家园》在拍摄过程中,导演杨恩·亚瑟经过15年的筹备,历访50多个国家才拍成此片。制作团队通过层层筛选、编辑,将最珍贵、最有意义的镜头组成了这部118分钟的航拍纪录片。其中,长镜头宏大铺垫,短镜头干净利落,各种不同的镜头片段形成了简洁明快的叙事节奏,表现出了丰富的镜头意义。

影片的内部节奏,又可称为“隐形节奏”,内部节奏是电视纪录片的内容本身表现出的轻重缓急而给受众心理留下的主观感受,它可以通过制造悬念、制造细节的手法来呈现,它隐藏在影片的故事情节之内,蕴含着创作者的创作理念,如人物情绪的跌宕起伏、故事矛盾的激起与缓和,这种节奏需要观众深入到故事情节之中细细品味,跟随情节发展把握人物情绪的不断变化。马尔丹曾经说过:“所谓影片的叙事节奏,并不是指各个镜头放映时间所占的比例,而是指每个镜头所能引起观众感到满意的注意力紧张程度的延续时间。”由于航拍纪录片中故事情节的弱化,内部节奏很少有较强烈的变化,不过随着各种叙述景观及其多角度地讲述,观众对每一处地方的情感共鸣也能体现出变化的内部节奏。例如,在航拍纪录片《家园》中,内部的节奏是激烈的,影片前段介绍了远古时期至现代文明,后半部分的镜头集中描写了污水排放、森林砍伐、物种灭绝等现象,展现自然风光的画面以舒缓为主,拍摄自然风光使用了接近人眼视角的标准镜头,给人十足的亲和感,画面景别以远景全景为主,使画面主体与观众心理上有了一个安全的距离,观感轻松、快乐。而后面对自然破坏的镜头使观众有了很多的情感波动,在拍摄城市画面时使用了中长焦镜头,中长焦镜头与航拍器结合使画面有了更多张力和情感,中长焦航拍镜头使前景和后景的关系更加密切,尤其对于密集的城市建筑,前景和中后景紧紧贴在一起,使城市建筑更加密集,创造了一种囚禁感，与前面舒缓的镜头形成强烈反差。

4. 叙事视听语言多元化

(1)航拍纪录片的景别和角度

影视作品是一门视听的艺术，影片中摄影机镜头的调度可以作为一种话语表意，传统的地面拍摄方式通常受空间的束缚，一切都在相对有限的空间内，很大程度上限制了其所能表达的信息量。就人文建筑、自然环境的传统拍摄方式而言，角度大多数也是以平视、仰视的角度，这种角度很难展现一个物体的全貌，更难体现自然与人类社会之间的关系。无人机航拍打破了这一困境，把镜头升入空中并把我们生活周围的一些景物全部囊括，无人机航拍能够利用不同的角度和景别来达视语言的多样化，这是传统纪录片的拍摄方式所不具备的。

第一，景别。景别的划分，一般可分为五种，从远到近可以分为远、全、中、近、特，导演和摄影师利用复杂多变的场面调度和镜头调度，交替地使用各种不同的景别，可以使影片剧情的叙述、人物思想感情的表达、人物关系的处理更具有表现力，从而增强影片的艺术感染力。机位在某种角度决定了拍摄的景别和角度，无人机航拍具有广阔的视野，无人机以螺旋桨叶为翅膀，可以携带摄像机上升至在数千米的高空中俯瞰整座城市的壮观远景，也可以将摄像机带到近地面，拍摄地面的细节，且由于摄像机技术的进步，无人机甚至可以在数百米高空清晰地拍摄奔驰在高速公路上的车的车牌号码。因此，无人机航拍让画面叙事语言变得更加丰满、生动、形象，为后期剪辑提供了更宽广的创意空间，增添了纪录片的魅力。

第二，角度。传统的地面调度通常受空间的限制，摄像机的运动方式也较为单一，也就导致了画面信息量受到限制。就人文建筑、自然环境的传统拍摄方式而言，在角度上它们大多数采用平视、仰视的角度，这种角度很难展现一个物体的全貌，更难体现自然与人类社会之间的关系。无人机航拍打破了这一尴尬的处境，无人机航拍能够利用不同的角度和景别来表达视语言的多样化，这是传统纪录片的拍摄方式所不具备的。

镜头角度是指相机的位置和物体的位置之间的角度，即观众的视角。数字影视作品是指在二维空间中创造三维空间效果，画面效果很大程度上取决于角度的变化。通过不同的角度展现出的画面,往往具有不同的聚焦和表现力。影像镜头画面角度的划分基于人们的视线,不同的角度带来的心理感知与影响自然不同,镜头的变化有很多种,一般来说分为两大类:垂直变化和水平变化。

从拍摄的角度来看,远景航拍采用俯拍,以一种特殊的"上帝视角"给观众带来了一种特殊的感官体验,这是传统地面拍摄无法给予的,也让普通的景色给观众带来了新的视觉享受与审美愉悦感。由于俯拍角度的视点较高,航拍更适合表现地面景物的层次、数量、远近、距离等关系,所拍摄的画面往往较为充实。

平角度是指相机与被摄体处于同一高度的位置,影像中的大多数镜头角度都是平的,它通常在视觉感知上给观众呈现平等、自然、平和的心理效果,符合正常人的视觉生理特点,也符合观众通常的观察视角与视觉习惯。但是传统的平角度拍摄手法在视觉上没有一定的新奇感,在空间上缺乏表现力,很难表现出规模和场面的宏伟效果,如果构图没有合理规划,很容易使画面单调乏味。与传统的拍摄效果不同,航拍的平视角度由于自身的机动性,可以使人的视角远离近地面,像鸟的视角一样,能够较容易地将观众带入剧情中,具有强烈的现场感,达到特殊的艺术效果。

(2)无人机的运动

航拍由于其独特的运动特性,打破了传统摄像机只能完成"推、拉、摇、移、跟"的运动方式。摄影机装置在航拍器上,通过航拍器在空中完成爬升、俯冲、旋转、平移、悬停等运动,航拍的本质就是带着摄影机飞行。镜头自由多变的运动特性造就了航拍画面的与众不同。如果将航拍飞行器悬停在空中俯拍地面,地面的物体无论怎么运动,观众都可能会怀疑画面是不是摄影机架在山顶或高楼拍摄所得到。这种复杂的运动方式不仅增强了画面的真实性,同时给镜头语言增添了更多趣味。

第一,升降镜头。无人机摄像的出现使升降镜头的拍摄拓展了空间,它不像传统的摇臂一样受空间限制,它可以使摄像机有更广阔的运动空间,可以制造出更加复杂多元的运动轨迹,为纪录片的视听语言增添了更多丰富的色彩。从升降镜头在纪录片中的运用来看,与传统的纪录片相比,航拍纪录片较少使用升降镜头。对于纪录片来说，最核心的就是忠实记录客观事实，纪录片不像电影拍摄一样可以不断彩排，这条素材拍得不满意可以重新拍摄。电影的灯光的布置、演员的表演、剧情的发展都是提前安排好的，而纪录片不同，每个镜头都是稍纵即逝的，没有补拍的机会，也没人知道剧情的发展。在拍摄中，传统的纪录片不会过多地使用升降镜头，不仅是因为传统升降镜头的拍摄耗时耗力，当剧组准备好，可能某个关键镜头已经来不及捕捉了。笔者认为航拍纪录片通过航拍器较好地解决了纪录片中升降镜头的问题，由于航拍器拍摄升降镜头的准备时间远远低于传统的拍摄方式，就目前的无人机航拍器，如大疆创新的精灵Phantom4Pro+V2.0四轴无人机，从背包拿出来到做好起飞准备，只需要几十秒，航拍器的使用大大地提高了拍摄效率，可以及时地捕捉珍贵的画面，也为航拍纪录片提供了更多震撼的升降镜头。

摄像头本身采用平行角度进行拍摄，当无人机进行上下垂直运动时，所拍摄到的画面景别几乎是相同的，同时对被摄主体进行较为全面的展示，使观众可以身临其境，迅速产生较强的参与感。拉升镜头是航拍最大的特点之一，起飞之后便可进行拍摄，随着镜头视野从低空升至高空，直观地展示了航拍的与众不同。在拍摄过程中，拉升镜头的力度主要是通过高度差和速度差表现出来的，可通过镜头拉升速度的快慢来进一步展现拉升的高度。在镜头快速上升过程中，在视觉上原本体积较大的物体就会慢慢变小，画面的核心也从具体的目标转而为整体所处的环境，这种视觉变化在渲染气氛和传递情感方面有所助益。此外，高速拉升镜头能够带给观众较为强烈的视觉冲击与对比，这种视觉震撼是其他镜头无法比拟的。

有升必然有降，在拍摄下降镜头时，拍摄者需要先在高空进行采景，然后选取中心，逐渐向其推进，最终呈现的效果便是近景或者是特写镜头，高度落差能够使下降的镜头更加富有张力。当下降镜头中没有人物主体时，观者的注意力便会集中于大环境上，会产生想要看清景物原貌的想法，在下降之前对景物的内容有所期待，因此观者对于下降镜头中的物体印象会更为深刻。由此可见，航拍中下降镜头除了能够调动观者的情绪外，还有突出和加强被摄主体的作用。

第二，推镜头。推镜头也是被摄体由远及近不断接近的一种拍摄方法，航拍中的推镜头较传统的推进镜头略有不同。传统的推进镜头是将摄影机放在移动车上，对着被摄对象向前推近进行拍摄。当摄影机向前移动时，画幅中的对象逐渐变大，观众的注意力便会被引导到所要表现的部位。在镜头运动过程中，画面景别产生从大到小的变化，使画面有了由弱到强的节奏，同时观众的视线向内聚集，让主体细节更加突出。相较于传统推镜头的拍摄，航拍推镜头有很多优势，传统的拍摄通常需要借助辅助道具，如滑轨、移动车、飞锚、索道等，有移动空间上的限制，要想完成复杂的推镜头可能还需要摇臂作为辅助，也提升了电影的制作成本。而航拍的推镜头在拍摄上自由度更高，镜头调度也更加丰富。航拍凭借良好的机动性，可以携带摄像机较为容易地进行斜推。比如倾斜俯冲镜头，这种从高空向地面斜推适合拍摄建筑物体，在镜头推进的过程中，画面的透视产生明显的变化，能让观众了解整个空间和局部的变化关系。同时。推进头可以增强画面的逼真性和可信度，使观者与被摄主体具有一定的交流感。在推进过程中，稍微倾斜的画面会使视野更开阔并能突出垂直的深度，从影像传播的角度看，这种推移镜头隐含着纪录片的探索性，当出现时间变迁镜头时，俯视角度可以在同一视角降低一定的疲惫感。再比如，当用拉高镜头对海岸进行航拍时，这种视觉效果赋予观者的冲击比用传统镜头进行景观拍摄的冲击要来得更为直接。

第三，一镜到底。在《航拍中国》第二季中，尝试了一镜到底的方式，赋予了观众全新的视觉体验。比如，在福建篇中介绍三坊七巷时，采用了一段时长为54秒的无人机一镜到底的画面，镜头随着游客们的脚步一起穿过巷弄，再缓缓升至空中，整体的画面从低处较窄的视角随着高度增加变得更加开阔，最后呈现出天地一体的画面，带领观众俯瞰整条古老而富有生机的街巷。“一镜到底”的重点在于需要处理好被摄主体与环境的整体关系，自然流畅的调动镜头。从地面上的人与景到云端，目之所及的每一帧都行云流水，带领观众感受美好的世间百态。

(3)航拍纪录片的光影与色彩

第一，光影。摄影是一门用光绘画的艺术，尤其是航拍。有光才有影，只有物体在光线的照射下才能“形影不离”。对于航拍而言，光影具有非常重要的意义，航拍在拍摄过程中对大自然的光线的容纳度很高。

当然，航拍与光线是相辅相成的，航拍主要是利用自然光来进行创作，创作者可以通过光影的合理运用来进一步对航拍的画面进行造型处理，通过光线能够展现被摄主体的表面结构以及空间立体形状，能很大程度上增强画面的运动感与空间感。但是光线是不可控且变化无常的，这对于创作者而言也是一项不小的挑战。

纪录片《家园》中，在讲述动物家族这一段的时候，航拍镜头中展示了田野中走过的大象一家，一束光线由画面右侧向左穿过，增加了画面的运动性，让原本较为平淡的画面富有节奏和韵律感。这束光投射在斑驳的水面上，折射出波光粼粼的效果，一方面使得画面更为生动，另一方面也丰富了整体画面的层次。光影已成为航拍画面造型表意的重要元素，通过明暗、动静的巧妙对比，在增强画面的艺术感染力的同时更能表达创作者的艺术构思，引发观者的思考。

第二，色彩。摄影师除了通过光影来塑造造型外，色彩亦是进行影像造型的常用手段之一。色彩在影像中的运用可以用来传递信息、烘托气氛、抒发情感、刻画人物的内心活动，以及表现时空的变化等，不同色彩在纪录片作品中的运用自然也表现出不同的艺术效果。航拍具有独特的高空视角特性，通过对画面色彩合理的控制，可以使画面更富视觉美感和艺术感染力。

色彩是我们眼睛最倾向的因素，在我们长期生活的积累中，对色彩的认知也会导致不同的心理反应。通常，我们习惯于将色调分为冷色调和暖色调，冷色调以蓝色、绿色、黑色为主，会给人以一种安静祥和的感觉，在某些特定环境中也能营造出一种悲凉的气氛；暖色调以红色、橙色、黄色为主，会给人一种温暖、活跃的感觉。在航拍的画面中，色彩所带给观者的冷暖感受能够直接影响影片的艺术感染力，这也体现了创作者在创作中具有一定的主观能动性。

(4)航拍纪录片的画面构成

航拍类摄影具有取景范围广、取景画面丰富的特点，当繁杂的景物进入画面时，画面构成能给整部影片带来直观的美学感受。

第一，九宫格构图法。九宫格构图法在航拍类摄影中较为常见，这种构图方法是将一个画面当作一个有边框的面积，并将其左、右、上、下四个边都三等分，然后用直线把这些对应的点连起来，在画面中就形成了一个井字，画面面积便被分成相等的九个方格，井字的四个交叉点就是趣味中心。在《航拍中国》第二季浙江篇中，对杭州市仓济市梅城镇的一组蒙太奇镜头中的第一个镜头使用了九宫格构图法，整个画面前景中的主体物——塔大致在井字格的右下的点上，这样的构图让主体物的位置也在画面的黄金分割线上，塔和整个画面的宽度和高度的比例大致为1∶0.618，给人自然、舒适、平稳的视觉感受。同时这个画面中，前景、中景和后景也大致都均衡地各占三分之一（前景的山、塔占据了画面下方的三分之一，中景的水占据了画面中间的三分之一，后景的山和天空占据了上方的三分之一），这样的构成方式让整个画面很有层次，同时也突出了主体，让整个画面主次分明、内容丰富。从蒙太奇的角度讲，这个镜头作为杭州市仓济市梅城镇的一组蒙太奇镜头中的第一个镜头，除了起到了定位的作用，其稳重的构图也铺垫了和谐、舒适的气氛。

第二，对角线构图法。航拍摄影由于机位的灵活性，可以更容易发现取景框中拍摄主体的点、线、面，对角线构图是航拍摄影俯瞰视角中常用的构图形式。在拍摄线条类的景物，如河流、公路、桥等时经常使用，它主要是将画面主体安排在对角线上，这样可以利用对角线的角度让人们的视觉均衡，而且在空间上也会有一些舒服的感觉，可以让整个画面充满新颖感。在《航拍中国》第二季浙江篇中，使用了俯视的对角线构图法展现了浙江石桥的形态，在这个画面中，浙江石桥从画面左下角延伸到了画面右上角。左上角和右下角是湖水的留白，这样的构图方式，既客观地展示了石桥的体态，直观地获取到石桥连接了两边陆地，以及石桥所在的环境的信息，同时对角线的构图方法也使沉稳的石桥多了一点视觉动感，增添了画面的趣味性。

第三，框架式构图。框架式构图通常使用一些前景来构建主题。常用的有树枝、拱门以及装饰精美的栏杆、厅门等。这种构图很自然地将注意力集中到主题上，一定程度上有助于突出主题。同时边框的使用增加了画面的空间感，形成了画中画的视觉效果，使画面更有张力。在《航拍中国》第二季广东篇中，对大埔县客家建筑泰安楼的刻画就运用了此形式，无人机从室内到室外做推进运动，起伏镜头的框架式构图十分具有特色，使客家建筑的室内室外同时出现在画面之中，屋檐和窗户形成了一道天然的画框，将室外的风景进行再一次构图，这样画中画的构图让客家建筑泰安楼仿佛在一幅画中，很有艺术感。此外，前景的边框和中景、背景的画面形成了强烈的明暗反差，让画面的影调变得更加丰富。

第四，对称式构图。对称式构图是航拍摄影最常用的构图方式之一，对称式构图正如中国古典建筑一样，能产生一种稳定、正式、严肃、中庸的韵律。被摄对象通常有中规中矩、结构均衡、色彩影调统一等特点。对称式的构图方式非常适合中国的古典建筑，体现古建筑的中轴对称的特点，在《航拍中国》第二季江苏篇中，对古代建筑夫子庙的第一个镜头中，航拍器沿着夫子庙中轴线向建筑推进，规矩的构图给画面增添了更多的古典美，左右对称的构图方式让画面内容更加匀称。古语有云："夫美者，上下，内外，大小，远近皆无害焉，故曰美。里里外外皆均衡妥帖，方为美。"对称式构图即是这样一种符合中国人审美的构图方式。

第五，垂直线构图。垂直线构图主要强调被摄对象的高度和纵向气势，多用于表现深度和形式感，给人一种平衡、稳定、雄伟的感觉。竖直的线条有序排列、互相平行，产生了特别的秩序感。在《航拍中国》第二季四川篇中，关于成都高新区的镜头使用了垂直线构图法，视角与密集的高楼建筑平行，画面中高楼大厦高低相错，十分饱满而有序，画面中线条被有目地梳理起来，让整个画面看起来整洁、大气，充分体现了成都高新区密集的建筑群。

第六，消失点构图。消失点构图充分使用了透视的基本原理，物体都有近大远小的特性，如摄像机在拍摄一段马路时，这条路则会随着距离越远而变得越窄，最终汇聚成一个点。消失点构图不但可以让画面更具冲击力，而且平行线会引导观看照片的人将视线移至消失点，使得画面的纵深感更强。在《航拍中国》第二季四川篇中，拍摄郫县豆瓣酱制作的工厂就采用了消失点构图法。在画面中，可以直观地看到酿造豆瓣酱的容器整齐排列，由于近大远小的透视原理，容器的线条和屋檐上的钢结构线条向前汇交到了一个点上，这样的构图方法让画面空间十分立体生动，充分地展现了工厂的纵深感和有序性。

(5)航拍纪录片的声音处理

影像是视听一体的图像,当下读图时代,视觉的霸占对其他感觉方式构成了不小的挤压。在中国传统的纪录片中,一直存在着重画面、轻声音的现象。但是,听觉艺术是一种利用声音对人体听觉器官的刺激,进而完成信息传递的艺术语言,听觉艺术对视听语言起着重要的说明和解释作用。

第一,音乐。同画面语言一样,声音语言也是构成纪录片艺术创作的重要组成部分。其中,音乐不仅可以渲染画面情绪,还能延展画面的空间性,更能引起观众的共鸣,带动观众的情绪。音乐作为影像画面另一种形式上的补充,它通过乐器的选择、音量的强弱、乐曲的速率、音域的高低、和声搭配等多种组合的变换来表现复杂、细腻的情绪,其超越画面本身的强大穿透力,进一步加强了影片作品的艺术表现效果。首先,声音增强了画面的真实性。在航拍纪录片中,航空摄影的原始素材由于设备的局限性难以同时获取同期声,只是干巴巴的画面,而通过在画面中插入声音,配上音乐和环境音响,就可以还原时空的真实感。其次,音乐增加了画面的连续性。航拍类纪录片的镜头跨越较大,上一个镜头可能还是宏伟的自然景观,但是下一个镜头就到了繁华的城之中,这样画面之间是有空间上的隔断的,连贯的音乐起到了桥梁的作用,承接了画面和空间,让整部影片的起承转合变得更加顺滑流畅。除此之外,音乐增加了画面的张力。在法国环保主题纪录片《家园》中,音乐和画面结合得非常巧妙和紧凑。影片配乐由法国著名作曲家阿曼德·阿马尔作曲,布达佩斯交响乐团和上海音乐学院打击乐团演奏。影片配乐融合了蒙古、亚美尼亚、伊朗等国的歌唱和器乐,就像冥想和轻悲伤的音乐,以另一种方式传达了对地球家园现状的不安和深深的怜爱。影片开头,长长的藏族女声伴随着舒缓的音乐,在这个时候,画面转换到地球家园上各种各样遭受破坏的自然景观上,给予观者一种回归自然、非常原始的感觉;当画面切换到地球面临的毁灭时,音乐的节奏变得急促而压抑;当影片谈到世界人民开始觉醒、开始采取措施保护家园时,就让声音的节奏回归到舒缓、放松,声音语言和画面语言相互配合,将电影的主题完美地展现给受众。

第二，解说词。纪录片解说词在与画面的彼此配合和加强关系中形成了自己的特色，在纪录片中发挥着举足轻重的作用。然而，随着纪录片的不断发展，它们的创作越来越追求通过画面来表达内容，可见解说词在纪录片创作中逐渐呈现出弱势。航拍类纪录片因无人机航拍技术的局限性，不能同期采录声音，使得部分画面信息很难被交代清楚，为了避免这个问题，纪录片就需要解说词来引导观众。解说词最基本的功能是叙事功能，对影响画面所展现的内容具有补充提示的作用，所以说在航拍类纪录片创作中，解说词的地位不容小觑。

第三，同期声。同期声即进行影视作品拍摄时采用现场收音的方式，而不是后期编辑时加入进去，包括现场所收录的人声、环境音等，是展现影像真实性最主要的一种声音表现。被摄主体各种各样，生态环境也各不相同，体现在声音表现上自然多种多样。在部分纪录片中，现场同期声往往是最容易被大家所忽视的，然而却是纪录片不可或缺的视听元素。恰当地使用同期声在增强纪录片生动感、丰富影像真实美的同时，还能提高纪录片整体的艺术感染力与表现力，让观者仿佛置身其中，更容易引发感官上的共鸣。

航拍类纪录片因无人机航拍技术的局限性，不能在进行拍摄的同时采录现场声音，这就需要其他设备对现场的环境音进行采集，对于部分无法进行有效收录的声音效果可以通过数字化处理的方式达到高仿真性，整体目的是将所拍摄的影像中真实存在的声音重现于纪录片的视听语言之中，呈现给广大的观者。

（七）无人机航拍纪录片的创作方法

1. 剧本策划和写作中——机器视觉下的航拍设计

（1）无人机航拍的审美特征

在剧本创作中，我们需要打破常规思维，以无人机的视角来进行创作。综合分析无人机航拍纪录片的影像气质和基本要素，其审美特征主要表现为呈现自然美、创造意境美、感悟人文美。

第一，呈现自然美。无人机航拍纪录片注重纪实手法和写意风格的运用，以精美的画面、独特的航拍视角及精良的声音效果展示大自然的奇观和生命的奇迹，使观众凭借视听感官直接认知大自然的各种生命现象，在直接审美感受的基础上达到审美的高级层次。

第二，创造意境美。无人机航拍纪录片主要以航拍为手段，最大程度地发挥了航拍的高度、视域等优势，擅长记录和表现自然之美，以其独具特色的影像创意方式将自然之美从具体的意象之中升华，并凝结意境，彰显诗意，将影像之美升华为意境之美。

第三，感悟人文美。在纪录片的创作过程中，以记录人类的生存状况、人生的命运转折、社会的发展变革、文化的嬗变演进等为主题诉求，在以个体为观照对象的时候，创作者也同时对社会进行反思，对人类进行观照，彰显厚重浓郁的人文关怀，表现人文之美的深刻内涵。纪录片作为一种绝佳的记录表达方式，将个体的命运观照外延到对整个社会族群生活环境的观照，最终上升到对人类整体命运的观照，追寻人类共同的精神领地和家园，将人文之美的深刻内涵和审美价值彰显无遗。

(2)无人机航拍的美学意义

运用无人机航拍方式进行创作，不仅是拍摄技术的进步、视觉体验的创新、影像创作的提高，更是一种美学意义上表达方式的新语言。影视新技术的发明和诞生，最终是为艺术创作的表达方式和可能性服务的。航拍技术也一样，我们不能仅仅停留在奇观化的视觉体验上，而要将其阐释和提升到美学意义的高度。只有让技术的进步与影像的新语言深度融合，为观众提供全新的审美体验和思考，为创作者的主题表达服务，才能将技术与艺术巧妙地结合在一起，成为一种高效、理想的影像表达方式。

第一，视野与角度。从高空俯瞰大地，对于无法展翅高飞的人类而言是一种超越普通常态生活经验的奇妙视角。无人机航拍就是借助这一奇特的视角，展示那些环绕在我们周围而我们却无法看到的景色。

无人机航拍的优势在于角度与景别的独特，这种角度和视野共同构建的运动影像效果，是普通地面拍摄难以企及的。与地面拍摄惯常使用平视或仰视角度相比，无人机航拍使用的多是鸟瞰视角，这种视角为我们提供了欣赏周遭熟悉景象的全新角度，带来一种熟悉的陌生感，而且创造了视觉体验的新维度，也为影视创作带来地面常规拍摄无法比拟的奇观视角和新颖感受。

从美学层次分析，无人机航拍的审美功能具备将熟悉的景观陌生化，以及把平淡的景象奇观化的神奇效果。航拍作品向普通观众展现了一种奇观化的视角，我们平时所经历的许多熟悉的事物，它的外观、形象、空间关系等都会因为无人机航拍时的陌生化视角而产生不同的特征和形象，熟悉的景观和陌生的视角必然会带来新鲜、陌生的感官愉悦，陌生的视觉体验也会必然带来非同一般的审美感受，这一系列感官反应的原点，就是无人机航拍技术的发明、应用和不断进步。

第二，抽离与接近。无人机航拍以奇观化的叙事表意功能，实现了我们“扶摇直上九万里”的想象，适用于呈现广阔空间中的宏大、崇高之美，不常用于表现具体而细微的亲近之美。无人机航拍镜头善于展现群体活动的宏观场景，而不宜于表现个体人物微观细部的言行。由于无人机航拍制造的是一种动态化、距离性凝望的审美体验，这种连续性的动态呈现在影像创作和实践中也存在一定的弊端，如长时间、连续性地呈现大景别、大景深的宏观影像，容易在一定程度上让观众审美疲劳。这就需要利用地面常规拍摄和细节描述适当地重新调动和转移观众的注意力。这种从高到低、由大到小、从广阔宏大到具体细微的叙事方式，不应该只是一种镜头剪辑和蒙太奇手法，它更应该具有美学意义的表达和观照，这就是宏观和微观结合所带来的崇高与优美的错落有致与张弛婉转。

2. 航拍拍摄过程中——镜头的运动与设计

以前，因为成本高昂，操作复杂，基本上只能在一些大型纪录片中看到航拍的踪迹。近年来，伴随着无人机的迅猛发展，多轴无人机和无刷云台的出现使航拍的门槛和成本大幅度降低。无人机小型轻便、高效机动、低噪节能，在纪实航拍领域应用广泛，人们观察和认知世界的方式也随之发生巨大的变化。无人机航拍最具优势的地方莫过于操作的便捷性、使用的普及性以及超低空飞行的灵活性。

目前在航拍时大多流行使用多轴、多旋翼、遥控无人机，航拍时由两个人协调配合共同完成。航拍的镜头设计和影像创意要求飞行手(简称飞手)和摄影师两个人合作默契。无人机航拍时飞手和摄影师借助监视器的屏幕确认和操作无人机的飞行姿态及拍摄的画面效果。

另外还有一种可以由一个人独立操作的单人航拍无人机。这种可单人操作的无人机因其飞行和拍摄功能被合二为一,从而极大地降低了航拍的门槛,一些低成本的纪录片、微电影也因为无人机航拍镜头的使用而拓展了镜头设计范围和影像创意方式。

无人机航拍图片大致有以下几种主要镜头设计和影像创意方式。

第一,直线。直线航拍有多种方式:直线向前飞行,镜头向前拍摄,这是无人机航拍中最常用的一种方式,多用于航拍海岸、道路、沙漠、森林等;直线向前飞行,镜头俯瞰拍摄;直线向后飞行,镜头后退拍摄等。直线航拍在无人机飞行控制极其智能化的今天,通过GPS操作模式使用起来非常简单易行。

第二,平移。平移航拍镜头类似于展开画轴式的场面、场景展示,平移拍摄包括前后平移拍摄和左右平移拍摄,这种无人机航拍镜头主要用来表现大面积、长距离的拍摄主体。无人机在一定高度范围内沿直线飞行航拍,镜头和画面带来舒展流畅的延伸感。运用无人机航拍平移镜头拍摄火车、路桥、河流等景物,能非常准确地展现被拍摄主体的形象和特征。

第三,升降。无人机升降拍摄与摇臂拍摄的镜头效果类似,却比摇臂的升降范围和空间更大、更辽阔、更自如。在无人机一升一降之间,镜头画面的构图也随之发生连续变化,可以非常完整地呈现一个连续性的场景描述,镜头具备很强的主观性和写意功能。如纪录片《森林之歌》中对高大树木的近距离升降拍摄,使观众仿佛与镜头一起升降,视角逼真,令人感同身受。

第四,跟拍。跟拍是指跟随运动中的目标拍摄主体进行移动拍摄,类似于斯坦尼康跟拍。跟拍可以在拍摄主体的后面、前面、侧面,这种无人机航拍手法多用于运动、旅行、探索类节目的航拍。因为无人机跟拍系统有自动锁定拍摄主体的功能,所以拍摄时可以异常灵活地占据摄影师无法到达的点位,在高度和角度允许的情况下自由飞行,轻而易举地保持跟拍镜头的流畅性和连续性。

第五,环绕。环绕拍摄是指无人机围绕一个拍摄主体按一定路径飞行拍摄,如弧线、扇形、整圆等形状。无人机航拍时的环绕镜头易于凸显和强调被拍摄主体,比如环绕航拍某一地标性建筑或者主人公时,镜头角度持续环绕移动，而画面背景也会相应地旋转更替，使得这种环绕航拍的拍摄效果感官刺激性强，动感十足。

第六，定点。定点拍摄就是无人机悬停拍摄，多轴无人机航拍系统很容易实现定点悬停拍摄。定点拍摄适用于大全景、大场面的内容，如都市全景、体育场全景等。定点拍摄正面俯视角度时无人机飞行器和镜头角度都固定不动，适合拍摄有一定造型、图案的拍摄主体。比如，在奥运会体育场上空进行定点悬停拍摄便是一个绝好的大全景机位，拍摄的画面也给人以直观、深刻的印象。

第七，垂直俯拍。垂直俯拍是航拍影像创意方式中极具视觉冲击力的一种技巧，无人机用类似于俯瞰的视角垂直向下俯拍大地，展示环境的宽广和规模。比如，纪录片《航拍中国》中对上海的立交桥进行垂直俯拍，呈现出发达的路网交通和快节奏的都市场景。

3. 后期制作中——镜头间的剪辑思维

镜头之间的逻辑关系就是衔接或者说是组接镜头的方式。剪辑者需要通过这些逻辑关系将镜头画面连接成一系列的影像，并且能够表达出相应的含义。每个镜头在拍摄完成之后，就变成了一个客观的存在。但因剪辑者是带着主观情感去挑选和剪辑的，因而成片后就会给人以不同的感觉。但不论如何剪辑，镜头与镜头的组接要符合生活的逻辑、视觉习惯的逻辑、思维的逻辑，否则观众就可能看不懂。

(1)以动作或动势为衔接

借助人物、动物、交通工具等动作和动势的可衔接性以及动作的连贯性、相似性，作为镜头的转换手段，这是在电影、电视剧中最常用的剪辑手段。在航拍中，我们依旧可以抓住被拍摄主体的不同角度的动作，作为衔接点来组接前后的画面。

(2)渐进式衔接

在表现一个场面的时候，镜头与镜头之间景别的变化不宜过分剧烈，否则就不容易连接起来。循序渐进地变换不同视觉角度与距离的镜头使得画面很顺畅。说得直白些，这种衔接就是按景别从大到小或者从小到大的逻辑关系进行的。从大全景到全景到近景到特写，然后再由特写逐步过渡到全景,都属于渐进式衔接。航拍时我们应该尽量考虑从几个角度以不同的景别来拍摄主体,这样在后期才有丰富的选择。

(3)插入式衔接

在一组相关联的镜头中,插入一个或几个表现不同主体的镜头。比如,航拍风景的镜头中,插入一个站在山巅的人的特写或者中近景,而后再接另一个风景,那么就将不同的风景通过这一人物进行了有效的衔接。插入式衔接既可以为同一拍摄主体画面做有效的补充,也可以为转换成其他拍摄主体起承上启下的作用。

(4)反打式衔接

反打镜头,也称为反拍镜头,是一种在影视摄影中经常使用的手法,通常是指从前一个镜头摄影和摄像角度的正反面或侧反面拍摄。而反打式衔接是将拍摄的两个主体的正反方向的镜头剪辑在一起,然后再过渡到其中一个拍摄主体的镜头,形成合理的视觉转换。

(5)两级式衔接

两级式衔接是指从特写镜头直接跳切到全景镜头,或者从全景镜头直接切换到特写镜头的组接方式。所谓跳切,就是没有其他景别镜头进行过渡的直接衔接。这种方法能使情节的发展在动中转静或者在静中变动,给观众的观感极强,节奏上形成突如其来的变化,产生特殊的视觉和心理效果。

(6)特写排列式衔接

上个镜头以某一拍摄主体的某一局部的特写画面结束,而后又从这一拍摄主体的另一个特写画面开始,以展示主体的各个细节,其目的,就是强调主体,让观众的注意力集中于拍摄主体。而特写排列式也可以是不同拍摄主体的特写相互衔接,一般是要表现某种情绪和某种氛围,一般在电影和广告中经常用到。

(八)航拍纪录片创作的画面构建

1. 俯瞰式的画面构图

在进行航拍纪录片的创作构思时,画面构图要放在首位。画面作为视觉呈现方式,最容易被观众感知,也是表达创作者构思与创意的最直接途径。总的来看,航拍纪录片构图的本质与普通纪录片相似,同为纪录片,创作者依照自身的美学修养结合纪录片的精神内核,通过技术的手段对被拍摄物体的选择性呈现,着重表现镜头中主体、陪体与背景等元素之间的空间关系,在取景框有限的空间内呈现出和谐感或动态感。但是,航拍纪录片的拍摄角度不同于普通纪录片,空中俯瞰式的镜头占据了非常高的比重,因视角高与距离远的两大特点,航拍镜头形成了一些独特的构图方式,可以将镜头中的客体做减法,在空中将人类、动物、山川、河流等细节进行简化,作为画面构图中的“点、线、面”的基本元素出现,或按照经典的构图规则有机组合,以构建画面内部空间。

画面构图中的点指的是在构图中被简化为点的被摄主体,生活中常见或不常见的物体,都可以在航拍镜头中简化成一个点,操作方式也十分简单,航拍飞行器的高度越高,被摄物体在画面中越小,不管是大型机械、建筑物甚至是山川湖泊,都可以通过增加拍摄高度,来将它们简化为一个点。点作为构图要素,其大小并不是绝对的,只是相对于画面整体来说比较小,在创作者进行构图时,将其作简化为点来看待。点的运用在《航拍中国》系列纪录片中十分出色。例如,镜头垂直俯拍新疆正在工作的棉花收割机,大型机械在画面中可以看作简化的点,四个点呈斜线状分布,暗中构成一条分割画面的对角线,使画面富有动感,画面中唯一的绿色收割机虽然所占比例很小,但在画面中起到了画龙点睛的作用,增加了画面整体的趣味性。在高空拍摄下四辆车所形成的四个点和它们运动的轨迹的线条形成了特有的节奏感。又如,创作者选择用镜头垂直俯拍地球上最大的猫科动物——东北虎,人们印象中的百兽之王在画面中成了雪地上的黑点,与通常镜头表现东北虎的威猛形象形成强烈的对比,通过将其渺小化,产生一种陌生感,既能够吸引观众眼球,又要契合东北虎急需保护的社会现实,引发人们对于野生动物保护的反思。

与点的构图理念类似,航拍纪录片的画面构图中探讨的线,也不是传统意义上的线,由于航拍飞行器可以在不同高度进行拍摄,俯瞰的视角使得地面上的公路、铁轨、河流、建筑等被摄物自身的轮廓或在地面上的投影,可以进行简化,看作不同种类的线条。通常我们将线条看作点的集合,所以线条构图形式相对于点来说更加复杂多样，主要可以分为水平线、垂线、斜线、曲线等。线条广泛地存在于人们的生活之中，一些特殊的线条或被摄体的运动轨迹可能会因人们的生活经验传递出不同的情感，某一类型的线条可能会引起人们特定的感受。例如，人们熟知的大地、海面构成的水平线，可以传递安定、平静的情感；笔直的树木、矗立的建筑物、巍峨的山峦传递稳固、肃穆的情感；屋顶、陡坡以及一切符合透视原理的线条都可以看作斜线，斜线打乱了水平线的平衡感，传递一种动态的活力，同时也能塑造画面的空间纵深感；蜿蜒的盘山公路、曲折的河流、飞驰的汽车等构成的曲线在人们的生活中十分常见，曲线因其多变的特性常常给人带来力量、优雅等复杂的情感。在航拍纪录片中合理运用线条能够使画面增强吸引力，传递创作者的情感。

在航拍画面的构图中，点的连续构成了线，线的组合构成了面，所谓的“面”其实就是将鸟瞰镜头中点和线条组合而成的图形，如三角形、矩形、圆形等平面图形。在航拍画面的构图过程中，我们可以利用这些图形，将画面分割成不同形状，各种形状的构图能够传达不同的视觉效果。例如，三角形构图可以增强画面的稳定性、圆形构图可以增强画面的柔和感、矩形可以突出规则感，等等。得益于航拍高远的俯瞰视角，被摄物体既可以是平面，也可以通过航拍，将其轮廓转化为平面，构图主体物的选择更加灵活。

2. 丰富的光影与色彩运用

(1)色彩运用

印象派巨匠塞尚曾表示：“色彩丰富之际，即形式完美之时。”塞尚寥寥数语，便将色彩与美感之间的关联性描写得淋漓尽致。虽然黑白画面同样能够展示画面动作以及情节发展，然而其在色彩表现力方面却是捉襟见肘。通过巧妙配置色彩，能够有效烘托色彩效果，营造画面氛围，再者，画面与情绪二者同样有着密切关联，能够有效聚焦画面重心，调动观众情绪。

色彩可谓遍及于世界之中，甚至许多颜色成为事物的最大特征，由于人类对于颜色的相关认知具有显著的规律性，因而不同颜色背后均具备充沛的感情色彩。人类开始借助这一规律，尝试通过色彩的形式，进一步构设更具针对性的视觉空间，进而能够通过描述色彩，表达内心情感，引导社会群体进行互动。伴随人类对于色彩的认知程度更深，色彩亦开始具备象征意义与人格化意义，不同色彩逐步形成具有差异性的象征意义，可能具有积极象征，同样亦可能概述为消极象征。无人机航拍的方式，由于其视角不同，因而呈现出的颜色差异同样可能有着明显不同。变化莫测的色彩往往以各式各样的形式加以呈现，令人深感惊艳。色彩学家约翰内斯·伊顿表示："对色彩的认真学习是人类的一种极好的修养，它可以导致人们对自然万物内在的必然具有一种知觉力。"

红色、橙色、黄色构成的色域属于暖色调，各自的色彩的情感构成画面的暖色调给人以温暖与热烈之感，如日出东方，光耀上海，天空呈现出令人心生暖意的暖色调，给人以亲和力与正能量，亦是宣布着上海这座刚刚经过修整的城市即将开始新一天的忙碌征程。

倘若画面多由紫色、蓝色等构成，则会呈现为冷色调。常见冷色调的形象包括雨雪冰雹、浩渺夜空等。从生理学角度而言，处于冷色调时，人类基体随之收缩，从而保持较为镇定的姿态，使得观众感受到与画面之间的距离感与疏远感，同时特定氛围之下，冷色调亦会让人感受到冷冽甚至诡异的氛围。

除此之外，冷色调与暖色调的碰撞，也能产生不一样的魔力。二者处于同一画面时，往往形成冷暖对比的画面，其能够有效调动观众情绪。纵观自然世界，光芒与阴影、枝叶与夕阳、黑夜与月光等，均属于极具显著性的冷暖对比。

(2)光影运用

摄影和摄像都是捕捉光线的艺术，光线在航拍纪录片的画面构建中非常重要，对于光线的合理运用可以使画面富有美感，创作者应在航拍纪录片画面构建的过程中充分考虑到光影的重要性，仔细观察光影，用镜头捕捉光影的变化。在一些相对单调的画面中，不同的光影效果的运用可能会传递截然不同的情感。

自然界绝大多数光线，均归属于太阳光，虽然太阳每天恒定地散发光芒，然而受到各类天气条件，诸如云层、雾气等影响，其呈现效果同样差异悬殊。以晴天为例，此时光线往往归属于直来直往的直线光范畴，因而其必然有着受光以及背光的区分，处于背光面时则会诞生阴影。直射光有助于进一步优化图像表现力，从而有助于优化画面立体感。倘若属于阴雨天时，太阳直线光由于受到云层干扰，此时光线将以散射光的形式加以呈现，其特征在于具有良好的柔和度，不会出现过于显著的影子，因此也不会出现过于明显的明暗对比。

在一些特殊的光照条件下，能得到独特的画面效果。比较常见的特殊光照是日出、日落前的“黄金”半小时，日出、日落的前半小时到一小时之间，太阳高度角较低，阳光给云层增添色彩，给建筑打出长影子，立体纵深感极其突出，也为整体背景增添了浪漫之感，此时光线则主要表现为橙黄色，受光与背光一暖、一冷，色彩层次丰富，通过冷暖对比有效提升画面表现力。

3. 镜头的多样化运动

镜头的运动是视听语言独特的表现手法，在航拍纪录片的画面构建中，镜头的运动主要依靠机位与云台的配合完成，运动起来更加自由多变，但实际操作需要考虑的因素也更多。想要使镜头的运动为航拍纪录片的画面带来动态美，就要合理地规划飞行器与镜头的运动轨迹。航拍飞行器的技术快速更新，目前使用的航拍器大多由飞行器与增稳云台相机组成，特殊的构造使得航拍飞行器不仅在高空中鸟瞰，小型航拍无人机可以在贴近地面，甚至在室内进行复杂的镜头运动，同时实现斯坦尼康稳定器、摇臂和轨道车的拍摄效果，航拍器当作摄影机的稳定器、摇臂和移动摄影车的组合体。

(1)基本空间运动

航拍飞行器在三维空间可以自由地移动，可以将航拍飞行器视为XYZ坐标系中的点，将航拍飞行器的运动方式划分为水平运动与垂直运动两种。水平方向的运动涵盖了镜头运动理论中传统的“推、拉、摇、移、跟”，垂直方向的运动包含了“升、降”。航拍飞行器摆脱了传统地面器材导致的视角限制后，画面运动需要考虑的因素增多，必须统筹安排，才能利用好各类运动的特点，表达创作者的意图。

航拍飞行器基本的垂直运动最容易实现，飞行器的起飞就需要在垂直方向上运动，在拍摄中则体现为飞行高度变化的运动画面，上升与下降看似简单，配合画面内容，可以产生很强的感染力与冲击力。升镜头中的被摄体本来占据画面主要位置，通过镜头的升高，被摄体变小，或逐渐离开荧幕，可以表现开阔的场景，营造一种情感的升华，作为结束场景或进行转场。而下降镜头则与之相反，通常从高远宽阔的画面开始下降，镜头最终停止于拍摄主体的中近景画面，下降画面能够传递居高临下、引人入胜的降临感，也可以作为某一片段的起点，引入场景。如《航拍中国》江西篇，在介绍婺源江边小镇的片段中，有一个穿越云层的经典下降镜头。画面中起伏拍摄的夕阳余晖、远山、云海，营造出安静、神秘的氛围。航拍飞行器下降穿过云层，经过云雾中的盲区后，露出云层之下的矮山、河流、白墙和灰瓦，通过下降镜头，将云端仙境与小镇的景色联系起来，既自然地转场到了江边小镇，又能把云端美景产生的美感体验带入后续的画面中。

航拍镜头在水平方向上的运动，相对于升降来说更加多样。我们可以将航拍镜头向画面前方的运动看作普通运动镜头之中的“推”，操作方式主要是航拍镜头向着画面拍摄的方向移动，不断接近拍摄主体。在航拍镜头水平向前移动的过程中，不断接近画面中心位置的被摄主体，使其在画面中所占面积增大，直至充满画面。在推的过程中，镜头前移，被摄主体越来越接近，在运动中强化画面的透视效果，增强画面空间感。

航拍镜头水平向后运动可以看作“拉镜头”，其运动方向与推镜头相反，操作方式主要是将航拍镜头向远离画面中心的方向运动。因为纵深方向上景色的变化，向后运动的镜头同样可以营造强烈的空间感。两者的不同点在于，镜头水平向后运动时，起幅画面不断缩小，画面内容随着后退距离逐渐增加，需要提前规划镜头的落幅，保证构图效果。因水平向后运动的镜头内容由少变多，观众对画面之外的环境有所期待，可以制造画面的神秘感。与传统拍摄的拉镜头不同，航拍镜头在空中运动几乎不受限制，可以由近景、特写画面开始无限放大景别，起幅的主体物无限缩小直至不可辨识，可以带来强大的视觉冲击力。

航拍镜头在水平面上左右方向的移动可以看作传统地面拍摄中的移镜头。航拍镜头在空中按照横向的轨迹进行拍摄时，无论被摄体运动或静止，移动镜头拍摄的画面都可以造成视觉的动感。平移镜头可高可低，既可以在低空移动，展示被摄体的细节，也可以在高空移动，展示大范围的风景。

(2)特殊空间运动

特殊空间运动源于同一镜头内多种运动方式的结合,这种复杂的运动正是航拍镜头随心所欲的体现。我们可以根据拍摄主体的不同,将复合运动分为场景调度镜头和综合运动镜头。场景调度这一理念首先出现于戏剧舞台,后引入影视领域。普遍认为,所有被摄影机镜头捕捉到的画面元素,以及各元素之间可能存在的联系都属于场景调度的范畴。这些元素既包括与画面构图相关的线条、色彩光线、镜头运动,还包括了人的行为活动,可以通过表演的方式进行呈现。复杂的空间运动需要精心策划才能达到创作者的预期效果。技术为内容提供了更多可能的表达方式,同时内容的表达应该紧密呼应主题。航拍镜头场面调度的空间灵活性很高,形成的画面表现力强,从而充分地表现主题,满足观众的较高审美需求。

当拍摄的主体为不可调度的被摄体时,综合空间运动就可以通过航拍无人机自身的空间运动配合云台的俯仰,全方位地表现不可调度的被摄体,制造出被摄体在画面中的动感。综合运动的镜头在《航拍中国》中有广泛的运用,当无人机在空中俯瞰地面时,大部分被摄体都无法运动,综合运动镜头的运用能够避免单调。此外,一些特殊的综合运动镜头能够产生独特视觉效果。

(九)航拍纪录片的叙事手法

纪录片创作中常见的叙事手法可以分为线性与非线性两类,这两个主要类别下包含了叙述结构的各种次要类别。其中,线性大类中常见的有顺叙、倒叙等,非线性大类常见的有板块式、中心线串联式等。线性叙事结构是纪录片中最常用的手法,航拍纪录片因自身时间空间跨度大的特点,本身故事性不强,不宜于使用线性叙事结构。如在《航拍中国》系列纪录片中,创作者舍弃了简单的线性叙事结构,选用板块式为主体思路,将全片分为若干板块,在板块中使用中心线串联式、递进式叙事结构,灵活多元的叙事结构组合为航拍纪录片的叙事增色不少。

1. 多种叙事结构的灵活运用

(1)板块式叙事结构

板块式叙事结构是一种非线性叙事结构，其认定标准是在一部作品中，明显存在两个或两个以上的叙事单元，且叙事单元之间相对独立，就可以认定为板块式叙事结构。作为一种非线性叙事，板块式叙事结构中没有时间和空间顺序的限制，突破了传统线性叙事连贯性的要求，将整体划分为部分，全局发力构建主题，能够使影视作品的制作获得更高的自由度，以表现更丰富的内容。

板块式的叙事结构形散神不散，创作者利用作品中核心的主题思想或情感基调将彼此分散的各个板块有机地融为一体。《航拍中国》系列纪录片创作者丝毫不掩饰板块式叙事的逻辑，在每集中都可以直观地找到板块式叙事手法。因为每集的素材内容涵盖一个省份，需要展现的点多而分散，且航拍高远的视角不利于讲述故事，板块式叙事可以对各个点进行分类呈现，从而强化影片的主体思想。例如，《航拍中国》第二季中选取了浙江、四川、内蒙古、甘肃、广东、福建、江苏7省，其地理位置覆盖了我国东西南北中的各个方位，在单集50分钟的时长中，将各省份数十个讲述点分为不同数量的板块，整体上看，每集在集中构成一个方位板块，以集为单位有可以分割成小版块，各级板块相互链接，共同讲述大美中国。

每集的内容可以划分为数个小板块，每个小版块可以看作叙事的完整单位，板块中内容选择与表现手法的自由度很高，各个板块独立存在，自成一体，不需要考虑与前后衔接，板块与板块之间的逻辑顺序不强，某些板块互相调换顺序都不会影响全篇主题思想的传递。如《航拍中国》的每一集都先总览该集省级行政单位的地形轮廓图，简单介绍该省地形地貌的特色，之后进入板块式叙事，将需要表现的地点分类呈现。如在第一季海南篇中，首先展示了海南省本岛及其附属岛礁的地理位置，着重提到最南端的南沙群岛，界定中国最南的国界，北端的琼州海峡与大陆隔海相望，总体的位置描述结束之后，开始第一个板块的叙述，探索海南岛北部的景观，首先介绍马鞍岭火山的自然风光，然后转到临近的海口市，最后飞临北部海岸线的三座风光迥异的灯塔。第二个板块的叙述以树木作为线索，从本岛最东部的文昌东郊椰树林开始，转到东港红树林、儋州红树林、英潮港红树林。第三个板块的叙述以方位为线索，由海南线由东向南展现博鳌镇、胥家渔排、南湾半岛、蜈支洲岛、三亚市的独特景观。第四个板块的叙述重点是海南岛中部的山区景色，包括黎族船型屋岛、保亭槟榔谷、牙胡梯田、南渡江、万泉河，至此已经完整地展现海南岛本岛的各类的自然风光。第五个板块的叙述重点是人类的活动，从儋州古盐田、莺歌海盐场、环岛高铁、文昌航天发射场表现海南人的历史与发展。第六个板块叙述的重点是离岛与礁石，讲述了大洲岛、七连岛、永兴岛、三沙永乐龙洞的海岛美景，全片的终点设置在祖国最南端的曾母暗沙，升华情感，结束海南篇。由于板块式的叙事结构不同于传统线性叙事结构，它的新鲜感能够引发观众的好奇心，赋予了影视作品更多的可能性。

(2)中心线串联式叙事结构

中心线串联式叙事结构是指利用一条或多条线索贯穿全片，利用各部分的相似点作为中心线，以不同的角度展示主体。这种相对松散的叙事结构在表现某一主体的专题片的创作中较为常用，中心线既可以是全片纪录和表现的中心，也可以是为了表现主题而总结的某一特点。中心线串联式的叙事结构能够为通过部分的串联更好地表现中心，可以帮助关注理解创作者的主体构思，表现深刻的内涵。

中心线串联式的叙事在《航拍中国》每一集中都有运用，总体上可以分为两种用法，一是在本集的全篇布局，依照拍摄省份的特点，寻找适合的点作为全篇的中心线，串联全片，增强整体性。二是与板块式的叙事结构相结合，以板块作为叙事单位，用中心线将具有某一特点或同类素材串联，增强表现力。在海南篇中，这两种中心线串联式的叙事手法都有很明显的体现。海南省地理位置特殊，四面被海洋环绕，还有很多远离大陆的海岛、礁石，“海洋”可以当做海南篇叙事的中心线索。全篇中表现的点全部具有“海洋”的特性，可以很好地被这条线索串联起来。

2. 动画演示辅助叙事

迈克尔拉毕格认为：“纪录片中无法以其他方式去表现而非得重新选择演出的重要段落，三维数字模拟对于刺激观众的想象力或填补故事的空白是一种有用且妥当的办法。"故而，传统的纪录片在创作过程中，较为常见的手法是采用"扮演、重建"的方式对主体或情节进行"情景再现"。当前，科学的进步推动了计算机技术的发展，导致数字影像制作正在不断更新完善，当前的纪录片在制作过程中逐步尝试加入新的画面元素，制作人可以运用数字影像技术制作场景、再现现实，这种新型的技术手段，不仅能够表现实拍影像难以表达的内容，还可以在一定程度上对纪录片的叙事进行辅助，不仅丰富了影片画面的表现力，还为纪录片创造了传统叙事手法之外的可能，一定程度上避免纪录片叙事对于解说词的依赖，将观众从解说的文本中解放出来，增强纪录片影像本身的视觉沉浸感。

(1)宏大片头动画总领叙事

俗话说，"万事开头难"，对于纪录片来说也是如此。一般来说，纪录片作品会在前几个镜头吸引观众目光，制造视觉冲击力，并对纪录片本身的内容进行概括和总结，更能讲观众引入纪录片的叙事路线中来，为全片乃至整个纪录片系列之后的叙事奠定基础，起到总领全片的作用。

相比鸟瞰系列纪录片数个实拍镜头配合解说的传统路线，《航拍中国》的片头制作更加精致复杂，令人印象深刻。片头全长1分30秒，由专业团队制作，画面主要用实拍与动画相结合方式呈现。在第二季的片头中，精选了64个长短不一的精品航拍镜头，配合形态各异的动画特效，配合与第一季片头完全相同的解说词，熟悉感与新鲜感交织，带给观众强烈的视觉震撼。从细节处分析，整个片头以高空云层作为转场工具进行镜头间的切换，云在画面中的出现，不仅代表了影片的航拍高度，还赋予了影片神秘感，让观众对全片充满未知与好奇，成功把观众目光聚焦到影像画面上。片头以"你见过什么样的中国"引入，以讨论对话的语气，增强亲切感，镜头慢慢推向云海之上的古代楼阁，远处的山顶还有金色的寺庙，体现我国作为文明古国的丰富历史资产，镜头向下穿过云层，俯览我国广袤的东部平原与江河，镜头反向向上运动使画面颠倒，碧蓝的热带海洋和岛屿，两座海岛形态不一，昭示了我国广阔的领海与丰富的海洋资源。随后画面快速翻转，平原上春季的油菜花田，草原上夏季奔跑的羊群，峡谷中秋季染黄的树林，城市里冬季飘雪的西湖，变现不同区域、不同季节的美景。解说讲到"冰与火演奏的乐章"

时，画面从中间分为两部分，左边是白雪皑皑的雪山，右边是干旱光秃的群山，两种截然相反的景观平行对立于画面两侧，强烈的反差与对比给观众以震撼。“像鸟儿一样离开地面冲上云霄，结果超乎你的想象”，伴随着这句解说，动画制作的直升机出现在城市上空，接连几个快速向上切换的镜头，为我们展现了一组难得一见的空中景象，镜头落幅在多个层次的合成画面，城市、平原、丘陵、山峰以及不一样的天气被以山水画的形式有机融合在一起，直升机的摄像头占据画面右上的留白处，云台扫过画面，喻示正在记录着这广阔的大地。后接一组快速切换的奇观，沙漠中的月牙泉、世代传承的环形土楼、国宝熊猫在树上望向镜头、红树林中栖息的候鸟、草原上奔跑的牛群、海中穿过的港珠澳大桥等，这些镜头向我们展示了平时无法看到的、专属于高空的奇观景象，紧随其后的是连续36个垂直角度拍摄的高空奇观，通过越来越快的节奏呈现在观众面前，不论是广袤的大地，还是人文建筑，最快时1秒钟切换了6个镜头，这种快切的剪辑拼接让观众应接不暇。在这之后节奏放缓，矗立的广州塔配合女高音歌唱家的节奏放出强光，此时的画面将片头带向了高潮，我们的视角向后穿过动画制作的直升飞机，多个动画制作的板块构成旋转的一个多边形，各个板块象征着我国广袤土地的不同地理景观，最终直升机飞向阳光穿过云层，“航拍中国”第二季的片名出现，黑色行楷大气奔放，“第二季”采用印文印章的形式出现，与标题的楷书相互呼应，背景由动态的晴空、云海、雪山、城市和海洋以中国画的特色合成，极具特色。

整个1分30秒的片头不仅浓缩了影片中最具视觉冲击力、最具代表性的航拍景观，而且还用较同类航拍纪录片先进的特效制作出了极具设计感的动画，能让观众眼前一亮，概括了本季的主要特色和内容，总领各类叙事手法，为片中的叙事打下了良好的基础。

(2)三维动画导航协助叙事

动画对于纪录片叙事的辅助作用，还可以体现在片头之后的动画导航上。每个叙事板块开头采用的动画地图配合微缩模型，直升机在地图上飞行，造访各地名胜，通过这种直观的动画手段，协助纪录片进行叙事，由创作者按板块和顺序引导观众去领略片中章节的美景。

动画技术普遍用于纪录片之中，以实拍或者卫星地图作为基体进行针对性创作。通过动画画面与实际景象相融，更具全面性与多元性的实现景观图像的有机表达，同时实现地理元素的有效呈现，《航拍中国》海南篇便是个中典范。首先，选择灰色调的中国版图作为载体，开篇之时通过画面转移定位海南省所在位置，随后以动画线条作为笔触，绘制海南省区域轮廓，在此之后，进一步将其较为突出的地理特征填充至轮廓之中，绘制具有立体性的地形雏形，给予观众一目了然之感；其次，海洋开始逐步出现，令人心旷神怡的蓝色遍及画面，原本灰色底色的海南省地形亦是逐步填充颜色，给予观众视觉冲击；最后伴随拉镜头，以更高视角呈现更广阔的疆域，相邻省份以及国家尽收眼底，帮助观众建立全局观，镜头推进出现于海南省北部区域，一艘直升机由北至南徐行，航拍旅程拉开帷幕，画外音指出本次旅程目的在于了解火山在地形塑造的重要意义。此时直升机悬停在某一黄色区域，此时显示标记“马鞍岭火山”，随后目标转向海南省省会海口，三座具有标志性特色的灯塔逐一出现，本章节首个叙事模块正式结束。从头到尾，其全部采用动画方式加以呈现，以模拟地图刻画出形色各异的复杂地形，同时以标牌的形式标记山川河流、重要城市，真正给予观众一目了然、尽收眼底之感，同时亦会对于特色动物、文化等进行诙谐有趣的展现。影片以直升飞机形式加以呈现，同时以直升飞机线路作为逻辑线索，所有镜头均以动画方式加以呈现，整体推进井然有序，侧重点以及次要点有的放矢，所到之处均具有很好的记忆点，给予观众深刻印象。

（十）航拍纪录片的立体表达

1. 传统民俗展现人文精神的广度

纪录片的特点不仅仅停留在“高、远”的俯瞰视角，并应尝试在关注美景奇观的同时，以宏大视角关注人们的日常生活状态，广泛寻找大众审美的共通点，尤其突出地体现在有限的时长内呈现极具地域特色的传统民俗，这些桥段中蕴含着丰富的人文精神。如《航拍中国》中新疆戈壁滩上晾晒的辣椒、内蒙古冰雪中的那达慕大会、江西婺源古村摆板凳龙、海南黎族的船形草屋、黑龙江的冰雪大世界、陕西的地坑窑洞院，就算有些不是起源于中国的文化形态，如从东南亚学习回来的骑楼式建筑、哈尔滨老道外里中西方建筑的合璧，在荧幕上也透露出中国味道。

航拍纪录片一方面在于记录景色风光,另一方面在于深掘文化。例如,以独具匠心的镜头,将传统习俗刻画得淋漓尽致,展现出独一无二的地方特色,并将文化观念融入画面镜头,让观众在领悟美景之余,不忘其精神内涵,传承非物质文化遗产,保留民族之根。

2. 解说词挖掘人文精神的深度

解说词作为画面的重要补充,是彰显画面内涵的辅助手段,恰到好处的解说,能够与画面进行完美契合,增强人文色彩,烘托人文精神。解说词的创作,不可能天马行空,其与影片相辅相成。在纪录片中,解说贯穿始终,阐释背景,穿插典故,介绍画面,可以说解说词在推进情节、渲染氛围、引领走向、顺承发展等方面均有着重要意义。解说词的出现,真正以文字作为纽带,通过声音的表达,丰富画面表现力,给观众全方位的感受,进一步凸显人文价值与人文内涵。

(十一)航拍纪录片技术创新的美学突破

放眼世界,航拍作为一种颇具新奇性的拍摄方式深受影视创作者重视,航拍纪录片以及各类型影视剧作品中的航拍镜头可谓屡见不鲜,给予读者不同角度观赏地球的全新体验。航拍真正使摄像机脱离双手的束缚,翱翔于天地之间,能够以与以往截然不同的新奇角度展开拍摄。航拍不仅是一种新型的摄影手法,更能够实现影片叙事空间的丰富与拓展。航拍的拍摄手法,能够以鸟瞰镜头进行表达,引发观众不同角度的思考,通过居高临下、征服天空的感官体验,将广袤大地尽收眼底,这种颇具特色的拍摄方式具有明显的革新性与新奇性,也具有有别于传统拍摄方式的独特性。独树一帜的观察视角,极大丰富镜头意蕴,从而能够实现美学特征的全新表达。

专注于记录现实的纪录片更是对于航拍技术情有独钟,科学技术持续提升带动着航拍拍摄方式更为丰富,航拍艺术逐步形成稳定有效的艺术表现系统,航拍镜头亦是逐步展现出更具丰富性的美学价值,航拍选择鸟瞰视角,帮助人类以未曾体验的新角度欣赏世界,虽然拍摄主体不过是日常随处可见的普通事物,但是由于视角的变化,往往能够给予观众不一样的视觉冲击。其中陌生化的感受带来的刻板印象的突破,奇观化视觉效果营造的审美感受,“天人合一”的审美情趣等都是影视镜头审美潜力的一次全新的释放。

1. 生活美的陌生化

航拍手法借助“鸟瞰”视角，使得人类真正摆脱了地面视角，能够以居高临下地俯瞰姿态观赏世界。这种与众不同的观赏视角，使得原本寻常无味的景观发生变化，油然而生出独特的陌生感与新奇感，进一步抓住了观众的好奇心，提升了观众对于影片的关注度，同时进一步提升观众对于影片的审美认知，这正是生活美陌生化的绝佳体现。

航拍镜头的陌生化特性将生活中的美通过更新奇的视觉效果进一步表现，给予观众别具一格的审美理念与独树一帜的表达方式，将熟悉的日常环境以充满陌生感与新奇感的方式展现在大众面前，从而瞬间抓住观众好奇心，体现影片表现力，帮助观众感受到何为真正的自然之美，将观众从审美疲劳中一把拽出，实现审美与艺术的有机融合。航拍技术与制作理念的发展同时催生出了更具创造性的镜头美学特征，突破了传统纪录片的固定理念，给予观众一双腾飞的翅膀，如同飞鸟一般俯瞰神州风物，又丰富了观众的对于生活美的感悟。不仅有助于促进观众审美提升，同时对于影片创造者而言亦是开辟了一条新路，成文纪录片推陈出新的重要助力。

2. 真实美的奇观化

纪录片的重要价值，在于如实记录现实世界，创作者借助视角切换的方式同样能够传递情绪、表达情感、展现审美理念，这些正是纪录片审美特征中颇具重要性的组成部分。丹尼尔·贝尔曾指出：“视觉文化必将是未来文化范畴中独树一帜的重要组成，视觉文化消费将成为未来消费的主流形式之一。”传统理念摇摇欲坠，奇观化开始展现出极强的发展潜质。好莱坞电影正是奇观化的佼佼者，其借助先进的技术优势，打造出极感官冲击力的画面，让人油然而生惊心动魄之感，这种身临其境的感觉拉近了读者与镜头的距离，奇观化镜头凭借其强大的影响力与独特的表现力，逐步成为具有独特审美意义的影视表现手法。由于纪录片本身承载着引导观众反思和反映现实等价值与功能，在今影视艺术的现状是：“在审美的狭小圈子里，当艺术实现了向消费文化转型后，视觉文化也逐渐成为大众文化的组成部分，决定大众文化趋势的重要因素毫无疑问正是市场需求。”纪录片为了满足观众的口味，想在审美的狭小圈子里脱颖而出，就离不开奇幻化的技术手段，而将奇幻化与代表纪录片本质属性的真实性有机结合就尤为重要。

现代航拍作为技术的革新，其真正改变了观众观察世界、领悟视角的视角，给予观众前所未有的奇观体验。不同于传统纪录片利用色彩变幻以及风格化镜头打造的奇观化景象，航拍的方式重在给予观众不一样的观赏视角，突出奇观性特点之余，同样具有良好的真实性与亲近感，与动画、特效等手段结合在一起，让航拍镜头呈现出一种技术和艺术的高度融合之美。

航拍技术随着科技进步快速发展，现在，各类航拍飞行器能够完成各种空中运动，使得航拍视角丰富多彩，不仅进一步充实影片空间，同时亦是为不同审美风格的航拍艺术发展奠定了重要基础。航拍通过变化拍摄视角，能够将本就具有奇观感的镜头变得更具视觉冲击力，尤其是能够在纪录片中展现出波澜壮阔、连绵不绝的宏伟景观，使得观众不仅能够一目了然地了解宏观景象，亦能够对其细节进一步细致展现，从而给予观众更富层次性与多元性的感官体验。

三、航拍宣传片创作

（一）无人机航拍城市宣传片的概念

航拍机在进行拍摄时需要在空中飞行，无人驾驶飞行器是其运作的载体，它能够通过遥感设备获得视频图像，其中包括单反、微型光学相机、红外成像仪等。它虽然无人驾驶，但却也能够准确获取位置信息，这因为它安装有GPS、雷达、激光扫描仪等，并依靠中央处理器进行再一次的信息处理。这些系统与创作人员的创作理念相结合便能够产出符合其创作目的的视频内容。无人拍摄机具备了全方位的拍摄功能系统，它集拍摄、定位、稳定、遥控于一身，是能够达到航拍目的的新型拍摄技术。不仅如此，多旋翼无人机成为该领域的新宠，在城市宣传片拍摄的过程中可谓是掀起了一场革命性的飞跃。

城市宣传片则借助于其独特的视角，以及立体影像易于理解和传播的特点，成为各大城市塑造和展示自我形象、吸引外资、发展旅游业、推动自身经济发展、扩大国际影响力的重要宣传手段之一。但是，城市宣传片的制作并不是一个随机组合的形象系统，它更多的是制作者依据本土城市特有的人文历史文化、经济发展特色、生态自然环境等多重因素进行综合评估，然后筛选出最能代表城市形象的元素制作而成。

无人机航拍城市宣传片不同于传统航拍城市宣传片，在整个航拍的过程中摄影师只需要借助无线遥控设备就能控制机器完成拍摄。无人机航拍影像的信息量大、画面生动，所展现的空间连续而完整，造就了视觉感官的新体验。多旋翼航拍器作为目前无人机航拍宣传片制作中最为广泛的搭载平台，已成为大多数摄影师最喜欢的航拍工具，它具有飞行审批简单、运行成本低、可控性强、环境限制少等诸多优点，但其功效较小、续航能力较弱、载重较轻，具体运用时摄影师仍需按照航拍规程注意科学操作，做到事前准备充分、现场看清环境、事中灵活决策、事后巧妙剪辑，才能使航拍素材与片子融合成一个有机的整体。

（二）创作构思

1. 主题构思

拍摄一部城市航拍宣传片，既要表达出城市快速发展的现代化城市风貌，又要扎根于地域特色文化彰显其独特的人文气息，这些都离不开对城市形象符号的把握和理解。

2. 拍摄构思

通过对所选取得城市形象符号代表，依据其地理位置，设计一条宣传拍摄动线。一方面整个拍摄动线可以利用无人机视野广阔、易于摄制连续而多彩空间的特点，完成多个地点的穿插及衔接。另一方面通过对地点的现场实际调研和考察发现，可以将地点依据各自的特质划分为支线。支线的汇聚要正好完全展现出城市的多个维度。

3. 创作流程

创作流程：片头、片尾制作→拍摄、录制、调度→文案、分镜绘制→画面、声音剪辑。

拍摄与后期剪辑工作分解落实是无人机航拍城市宣传片制作项目元素的分工。它是在项目期间要完成任务的细分，所有的这些细分项目构成了整个宣传片的工作范围。无人机航拍城市宣传片工作任务分解落实很大程度上保障了工作可以在规定时间内完成。

4. 创作展示

一个优秀的航拍城市宣传片的制作离不开对于航拍影像特质的恰当利用,以及对航拍镜头语言的恰当表达。为了在城市航拍宣传片中更好地塑造城市名片,在整个宣传片的拍摄中,镜头需要有节奏、有起伏,不能单一地依赖于宏大的视觉冲击力,更需要张弛有度,既有细微舒缓的过渡,又有迭起不断的高潮。同时对于航拍镜头语言的使用需要针对场景进行恰当的划分,不能盲目地使用。一方面,根据拍摄地点自身的特性,寻找其本身更合适的表达方式来突出其特征,使观者更加记忆深刻;另一方面,在拍摄之初构思好创意,这样使其能够贯穿于视频拍摄的始终,让整个视频叙事更加富有逻辑性,提升视频对于观者的耐看性。

通过对不同空间向度下影像感知的总结,在城市航拍宣传片中依据不同的景别制定了不同的拍摄组合,以保证整个影像在准确传递视觉信息的同时又不失其镜头语言的表达特性。

特写镜头可以把我们平时难以近距离观察的影像夸张放大,表现其细节。为了在航拍城市宣传片中更丰富细腻地刻画城市地标形象,可以采用特写的镜头保持水平视角的情况下,以慢速向其靠近,并做环绕运动,使观者能够更加身临其境地感受地标建筑,并在动感的环绕镜头语言之中突显地标建筑的建筑之雄伟。

近景镜头在航拍城市宣传片中大多用来表达城市建筑影像的局部,如刻画城市的构成元素,拉近城市与观者的距离,推进人与城市之间的交流。例如,在拍摄某大厦时,运用了径向运动的镜头语言,在水平视角的情况下以慢速向其后退运动,在这一镜头语言的帮助下使整个航拍城市宣传片的趣味性有所加强,提升了其可读性,勾起了观者对于这座城市的兴趣。

中景镜头在航拍城市宣传片中能够展现城市建筑的结构性线条,擅长构建整个宣传片的叙事链接。在拍摄城市某一具有代表性的建筑时,以垂直视角做中速自转运动,整个画面破除了以往宣传片的呆板,显得生动活泼起来。同时这种新颖的视角也让人们对这个熟悉的建筑产生了新的审美体验,更进一步地了解和认识这座城市。

全景镜头具有较为广阔的视域空间,可以充分地展现人物与建筑之间的互动交流。如在对某体育中心进行拍摄时，航拍器以倾斜视角对其进行快速地环绕运动，整个画面对人产生较强的视觉冲击力，并伴随着强烈的动态张力，刺激着人们的视觉感官，让整个航拍城市宣传片有了高潮起伏，加强人们对于这座城市的印象。

远景镜头通常给人一种广阔恢宏的感受，这种感受在无人机航拍的借助之下更为强烈。在航拍城市宣传片中对于大厦的拍摄，便是航拍器以倾斜视角快速地进行后退运动拍摄，通过这一镜头语言的使用让镜头画面的构图也在连续地发生变化，使整个画面的纵深感和透视感不断加强。让人被这镜头语言所展现出来的宏大场景和磅礴气势所震撼。

分镜的绘制往往决定了一个影像作品的拍摄走向，它是整个影像作品诞生的雏形。通过对城市航拍宣传片的分镜脚本绘制，描绘整个影像的拍摄手法，以及拍摄时所需要运用的镜头语言，为城市航拍宣传片的拍摄奠定了基础。

同时为了让整个航拍宣传片叙事逻辑链条更加完善，运用航拍器进行空中移动延时拍摄的创意表现手法，实现空中昼夜延时的影像效果，贯通了整个叙事链条。并通过日夜不歇的往来人流表达城市的繁华喧嚣，借用航拍宏观展现现代风貌的同时映射出城市的繁荣。

运用航拍器多角度对代表性高楼进行多维拍摄，通过镜头语言的复合运动来展现城市的建筑面貌，提升整个城市航拍宣传片的视觉感染力，解决航拍镜头语言的单一堆砌的不足。

四、航拍短视频创作

航拍又称作空中拍摄，也就是说从空中对地球的地貌或者城市的景观以及相关的工程建设等进行拍摄和录像工作，航拍能够更加清晰地表现地形形态。航拍在当前的应用是广泛的，除了日常的艺术拍摄之外，也被用于工程建设、电视新闻报道等方面。航拍短视频能够以独特的优势和特色将城市的景观描绘出来，无论是城市的风光还是高大的建筑物，无论是整洁的跑道还是农田，无论是绿树成荫还是蓝天碧水，都可以通过航拍短视频进行表现，航拍短视频将立体的景色呈现在受众面前。

自媒体行业的快速发展推动了短视频的壮大，各个媒体以及自媒体十分注重短视频拍摄，也纷纷推出了属于自身的短视频平台，各大媒体也开始逐渐从图文向短视频过渡。在短视频拍摄的过程中，运用无人机航拍、全景拍摄等技术是很常见的。在拍摄的过程中如何突出重点，如何更好地结合本地元素进行拍摄则需要一些技巧和技能。只有充分地利用和掌握这些拍摄技巧和手段，才能够更好地结合本地元素进行航拍。

（一）航拍短视频的画面构建

怎么能够利用在空中的摄像机航拍出具有视觉冲击力的画面，这是一个既简单又相对复杂的问题。利用无人机、直升机航拍和地面拍摄有一些不同。地面拍摄只能靠机器的移动来进行拍摄，但是航拍能够随意地变换拍摄的角度、高度。

拍摄角度和高度会对画面产生非常大的影响，这也就决定了航拍的画面构建是非常重要的。在正式开拍之前，应该针对具体的场景做好规划和构图。比如，拍摄一条弯曲的小河是选择横向拍摄还是纵向拍摄呢？二者有什么区别呢？同样在拍摄城市地貌的时候，也应该注重如何来构建立体的画面感，通过构图来突显整个拍摄的中心思想。

拍摄者要认识到，精巧的构图是画面、摄像、平面有机结合。在进行航拍的过程中，需要提前根据相应的主题以及本地的一些元素和主题进行紧密的结合，通过结合来构建画面。而且要想形成一个完整的协调的画面就需要进行形象化的展示，在航拍的过程中需要注重和本地元素艺术地结合，讲究构图。此外，在拍摄的过程中也不要让画面过于混乱，拍摄要突出重点。通过构图把主题的主次区分出来，画面一定要简洁，让人能够一目了然，看起来有赏心悦目的感觉。

在画面的构建过程中，还需要讲究镜头效果。短视频航拍结合本地元素的过程中，既需要展示一些静止的画面也需要有画面的变化，一个焦距不能摆放太长的时间，一个姿势也不能拍摄全部的过程。画面要通过一些推拉跟移动的镜头，让画面感保持丰富性和多样性。比如，在一些实体景物拍摄的时候就可以通过远景、近景特写来展示画面的变化，通过这些运镜来丰富短视频内容，吸引受众的眼球，让本地元素能够更加丰富完整地呈现。

(二)航拍短视频的高度和角度选取

航拍视频的高度决定了受众的视野,用航拍进行短视频的拍摄能够带给人更大的冲击力和体验感,能够更加直观地感受到景色的优美和立体。但是如何控制好航拍的内容,到底是囊括山河还是勾画细节,最关键的要素就在于航拍的高度。

拍摄者需要认识到不是所有航拍短视频都应该注重高度的拍摄,应该根据实际拍摄景色的具体情况来决定航拍短视频的高度。比如,在拍摄错落有致的建筑物时,就应该以高角度拍摄为主,在特别的地方进行适当地降低。这样画面就能够呈现壮阔的特色,让天空和建筑物融为一体,也让色彩配比更加的合适,通过这样拍摄出来的风景更加具有冲击力和感染力。如果拍摄的是一些自然风光景色,那航拍就不应该过度地追求高度,而应该进行低空飞行,拍摄角度也应该进行全方位的变化和调整,这样就能够让景色更加的丰富,让静止的画面活跃起来,让短视频更加生动。同时,还要注重光线的使用。在短视频航拍的过程中,无论是拍视频还是拍一些高清的画面都需要结合光线的条件,如果光线可以使用好的话,拍摄的效果以及感官体验也能够得到相应的提升。因此,在拍摄的过程中也要注重选择顺光、逆光以及反射光等突出本地元素的特色和优势,在确保画面清晰性的同时充分地利用光线,适当的时候还可以打光来进行补充。

除了高度和角度以及构图之外,能够改变航拍短视频画面表达的还有就是拍摄机器的运动方式。同样的天气、同样的自然风光,不同的运动方式可能会带来截然相反的画面。正确的、合理的运动方式也能够让航拍短视频起到事半功倍的效果。进行航拍视频的设备一般都有上升、下降、前进、后退、旋转等运动方法。如果拍摄者能够灵活地使用,就能够通过这些运动方式让航拍短视频真正的立体起来,让航拍的景色鲜活起来。但是如果使用不恰当,反而会让航拍画面变得更加凌乱。

第一,在拍摄的过程中,拍摄者应该注重运动方式的规划。比如,在拍摄一些自然风光的时候,尽量让机器能够和光交相辉映,然后慢慢地抬升,抬升的速度也不应该过快,高度也不应该太高。在这个过程中需要把自然景色都清晰地呈现出来,注重短视频画面的清晰表达。

第二，就是应该要注重机器设备的运动速度，在拍摄的过程中为了让自然景观更加充满美感，就应该更加注重速度。比如，在拍摄一些绿化景色的时候就可以让机器设备快速旋转然后到达高空，这样能够把大面积的绿地景色给展示出来，而且能够更加具有张力和活力。同时，应该注重机器运动的内涵本质是什么。也就是说你需要的航拍视频是延时拍摄还是单纯的一段画面，这些内涵不同运动的方式应该是不同的。如果你需要的是一段延时的画面就应该进行提前规划，把时间、高度和路线都给清晰地展示出来，在适当的时候根据特别的需要来进行机器设备的调整。

第三，就是防抖。在航拍的过程中，拍摄短视频可能会出现画面抖动非常厉害的情况，让人看起来会感觉头晕或者不适，从而影响用户的体验和感观。为了能够有效地防止画面过抖，可以在航拍的过程中，利用稳定器。在选择稳定器的过程中，一定要综合考虑功能和性能等元素。此外，在拍摄的过程中，也要注重动作以及姿势。在航拍时不要大幅度地调整动作，或者在拍摄一些移动的画面的时候，动作尽量小一点，保持稳定进行。

（三）航拍短视频的拍摄与剪辑技巧

航拍短视频已经成为非常普遍的一种拍摄方法，而且变成了非常常态化的拍摄手段，航拍短视频能够让画面更加具有现场感和张力，也能够让画面更加丰富，为具体的景色拍摄提供了美学的新视角。

特别是航拍的短视频也具有独特的优势与魅力。航拍短视频以其时长略短、视角独特、画面精美为优势。在航拍视频和本地元素进行结合的过程中，应该注重让短视频更加符合受众的品位，也能够让视频拍摄的内容更加贴近生活。在航拍短视频结合本地元素的过程中，应注意以下几点：

1. 航拍视频的选材应该贴近受众生活

在航拍短视频正式开始之前，相关的拍摄人员应该科学合理地选择题材。要确保视频信息与受众息息相关，与之生活的场景产生共鸣，与受众的生活贴近，更容易让受众感兴趣。比如，广东韶关山村里晨光景色是非常美丽的。“一年之计在于晨”拍摄者就可以选择特别适合拍摄晨光的拍摄点，作为航拍短视频的策划素材。用航拍短视频记录出清晨的阳光洒满整个山村的各个角落的视频画面。

2. 航拍镜头需要远近结合

航拍不只能在天上飞,也要下地,有地面的特写镜头,有细节,才更能打动人。例如,在拍摄自然保护区夏天的天空的时候,既需要在高空中展现朵朵白云在天空中漂浮,放眼望去晴空万里的大长景,也应该有特写镜头。在盛夏期间朵朵荷花连成一片,给予这些荷花特写镜头,将天空的远镜头和荷花的特写镜头进行连接,能够让航拍短视频更加具有丰富性和画面感。

3. 注重画面变换

自然景观画面的拍摄过程中,画面要有大量特写镜头,展现光影的变化,表现时间的流转。韶关这个地方一年四季的景色都是非常美丽的。在短视频的拍摄过程中,既需要有晨光景色,也需要有夏天的荷花,更可以充分展现冬天小雪纷飞的场景。通过这些画面的变化,让短视频内容更加丰富,而且通过时间的流逝和转换,让短视频更加引起受众的共鸣。

4. 利用共情的文案奠基视频感情基调

在航拍短视频制作过程中,除了场景的构思以及变化之外,还需要注重文案的配备。一个成功的短视频需要引起受众的共鸣,短视频作品中需要融入更多的感情,而通过文案的配备就能够很好地奠定航拍短视频的感情基调。拍摄者需要根据自己选择的主题、具体的景色,以及受众的兴趣爱好和需求等因素,进行短视频文案的设计。文案需要和航拍短视频的场景进行融合,要通过相互补充进一步提升短视频的质量和情感。

5. 音乐的选择要合适匹配

航拍短视频在后期的剪辑制作过程中,也应该要注重音乐的选择。音乐能够让画面不再那样枯燥,也能够渲染视频的气氛,令受众进一步被视频内容及视频所蕴含的情感所打动。因此,拍摄者在剪辑时候,应该根据具体的中心思想来选择合适的音乐,尽量使用舒缓型音乐,而且也需要注重音乐节奏的快慢,音乐节奏需要和画面的变化保持一致。通过音乐的合理匹配来增加短视频的质量和受众形成双向的交流与互动。可以说,音乐在航拍短视频后期剪辑过程中是必不可少的一种要素,通过音乐的融入能够让视频更加丰富,让受众注意力更加集中,也能够让短视频更加具有吸引力。

6. 后期包装让航拍短视频更具有美学价值

后期制作要更加精细和多样化。例如，在航拍短视频结束之后为了确保能够将广东省韶关的当地元素丰富性展示出来还需要进行后期的剪辑制作。在后期制作过程中加入制作者自己的创意，如根据韶关的一些特色进行规划设计和制作，还可以加入一些转场特效等。通过这样的特效手段来增加画面的感染力，但是也要注重这些特效的使用，要适量适度，不然就会使得短视频过于眼花缭乱。航拍短视频能够体现出一种美学的价值，更是一种非常独特的叙事及描写手段。利用航拍短视频能够把城市的景色以及自然风光更加全面地展现出来，给受众带来更加新颖的视觉冲击和全新的视觉体验，是对美学价值的另外一种诠释。拍摄者需要在短视频拍摄以及剪辑结束之后进行后期的包装。在短视频中，利用音乐、情感等要素让它变得更加鲜活。这种航拍视频融入情感元素，更能够吸引受众的兴趣，让他们对视频的内容产生共鸣，进一步促进航拍视频的传播，也能够进一步提升人们的审美素养。

此外，在后续的制作过程中可以加入一些字幕。例如，字幕可以采用韶关方言来进行画面的辅助解释，也可以用一些细节性描写，确保字幕的精准以及画面的整体和规整，将文字和画面融为一体。而且在后期制作过程中要确保短视频的时长是合适的。时间尽量控制在3分钟之内，通过这几分钟的时间把韶关当地的特色给充分地展示出来，只有在画面中突出重点的主题和元素，才能够让受众抓住短视频的核心内容，被视频的内容所打动。

第五关 航拍应用拓展

导读

近几年,无人机技术和VR技术、直播技术的高速发展,直接推动了全景图片和航拍摄影的快速普及,也改变了人们展示和观看无人机航拍作品的方式和手段。无人机航拍与VR技术的结合,可以让我们根据自己喜好的视角去观看一个虚拟真实的场景;无人机航拍与直播的结合,让我们可以身临其境地去观看、欣赏无人机航拍作品,从多角度去感受无人机的应用与发展。本关主要从航拍VR全景和航拍直播两方面讲述无人机航拍的应用拓展,让我们能从多方面学习了解无人机的应用与发展。

闯关说明

随着科学技术的不断发展,诸如VR全景和直播技术也已经运用到无人机航拍应用技术中,在进行了前面无人机航拍技术与应用的学习后,下面我们可以更进一步的学习无人机航拍的拓展应用。在此过程中,我们需要带着以下问题去完成闯关任务,帮助我们更好地学习无人机航拍的拓展应用。

(1)无人机航拍全景图片的流程是怎么样的?

(2)无人机航拍直播平台主要有哪些?

(3)无人机直播的优势有哪些?

(4)无人机航拍直播主要应用在哪些方面?

任务1 航拍VR全景

Virtual Reality(虚拟现实,简称VR)已迅速流行。谷歌地图、百度地图,甚至一些商业网站的展示,都开始使用全景图片进行更加逼真的场景展示。

大多数全景图片都是基于地面拍摄和制作而成。地面拍摄，由于本身拍摄高度较低，相比高位拍摄，就不易获得更多的视觉信息，而如果提高拍摄高度，以一定角度俯拍的方式进行拍摄，那么不管地面场景，还是天空场景，图片信息量就会得到巨大增加，视觉也会更加特殊。拍摄者自身不能到达的位置，那么就必须借助特殊摄影工具——航拍无人机。所以，VR全景摄影+航拍摄影的组合，诞生了摄影的另一个小分支：航拍全景摄影（Panoramic Photo）。

一、航拍VR全景图片前期拍摄流程

（一）使用第三方软件完成全景素材拍摄

以某精灵系列航拍无人机和IPAD平板电脑组合为例，在完成无人机飞前地面检查之后，首先使用官方DJI GO4软件按正常流程启动无人机，并升空飞行到指定拍摄位置。然后退出DJI GO4软件，启动第三方软件Dronepan软件，默认状态下，出于全景角度的需要，航拍无人机的摄像头会在软件的控制下，根据XYZ轴的角度计算，水平方向和水平朝上约30度的角度，环拍一周，完毕之后，摄像头会自动垂直向下，俯拍一张地面照片。

那么在第三方软件的操控下，完成了控制参数设置之后，就已经完成了摄像头拍摄张数和角度的控制。接下来则需要完成对相机光圈、快门、白平衡等画面参数的设置。由于航拍无人机在空中需要水平旋转360度进行拍摄，这就导致镜头肯定会朝向顺光和逆光的不同方向，如果此刻摄像头的曝光仍然是自动挡的话，可能会导致画面曝光度不一样，导致后期图片无法拼接。所以，必须把相机的曝光参数设置为全手动模式，根据现场的光线情况，在DJIG4软件界面，利用直方图等参考，设定好手动感光度、手动光圈、手动快门，甚至手动白平衡，这样才能保证每张照片的曝光参数能够全部统一。当上述设置都完成后，才能让Dronepan软件执行整个全自动拍摄，最后航拍无人机会恢复到初始拍摄姿态。然后再退出Dronepan软件，用DJI GO4接管飞行控制权返航。

（二）手动控制完成全景素材拍摄

手动拍摄，其实是一种全景素材图片拍摄方式，它可以摆脱对第三方控制软件的依赖，人为灵活地改变拍摄角度，减少了飞控软件和第三方软件之间切换所可能导致对航拍无人机控制权的丢失，这也是出于对飞行安全的考虑。那么既然是手动拍摄，那么就先利用DJIGO4软件操控无人机飞行到拍摄地点距离地面约80米到100米的高度悬停，因为这个高度对地面的视野相对较好，且不会因为高度太高和摄像头像素的限制而丢失地面景物细节。这时，我们需要借助于地面的参照物或者DJI GO4的姿态球，确定起始拍摄方向，设置好全手动曝光所需要的感光度、光圈、快门值，以及白平衡，然后再水平方向进行拍摄，每张照片摄像头转动45°左右，我们必须保证相邻照片需要有30%~50%的重合度，因为这是保证后期制作软件能否顺利拼接的关键。水平环拍仅仅是完成了水平方向上的拍摄，然后需要控制摄像头，斜向下转动45°左右，然后根据水平拍摄的角度，再次环拍至少8张照片，尽量和水平环拍同一角度(方便后期拼接识别)，最后调整摄像头角度，尽量与环拍第一张的初始照片角度统一，垂直向下，拍摄一张即可。在水平角度上环拍张数，至少达到8张，镜头每次旋转45°左右，这样，每张照片大约有30%的重叠部分。当水平拍摄高于8张，相邻照片也将会得到更多的重叠部分，环照片张数的多少，还和使用摄像头的焦距长短和视场角的宽窄有影响。

二、航拍VR全景图片的后期处理流程

(一)使用Lightroom统一调色

用航拍无人机拍摄到所需要的原始素材后，拷贝到电脑之后的第一件事情并不是需要用软件进行拼接，而应该是调色，(这里要特别补充的一点是，前期使用素材拍摄的时候，尽量选择RAW格式的图片格式。因为这利于我们后期图片调色师有更大的调整空间)。由于十几张甚至几十张图片都是在统一曝光参数下拍摄的，考虑到统一性，第一步我们可以选择使用Adobe Lightroom(下文简称LR)软件对所有原始素材进行统一调色。在导入到LR之后，我们可以依次对画面的高光、暗部、对比度、色彩饱和度等重要参数进行分别调整。然后把对一张照片的所有调整策略，复制粘贴到所有图片素材上，这使得所有图片的色彩，曝光都会统一，而不会在拼接中产生差异。最后对所有图片素材进行输出，得到调色之后的新文件。

（二）使用PT Gui进行图像拼接

图像拼接，是全景图片后期制作中一个关键环节，也可以检验前期是否失败。图像拼接软件有很多，笔者以大家常用的PT Gui为例说明。

利用PT Gui软件，导入已经调色之后的几十张全景照片素材，选择生成全景图像，通常此时，软件会自动在后台进行识别计算，并拼接出一张以平面方式显示的全景图，此刻，我们可以通过PT Gui软件的内置全景浏览器，或者平面全景图，查看并检查，是否有拼接裂缝等瑕疵，如果有必须进行手动对拼接点进行手动调整。如果检查确认无误之后，通过PT Gui软件最后输出界面，选择输出成高质量的半成品全景平面图片。[①]

（三）使用Photoshop补天

PT Gui软件经过拼接之后输出的全景平面图其实并不完整，因为前文中提到过航拍时，并没有控制摄像头仰角拍摄天空部分，所以，PT Gui输出的全景图其实天空几乎缺失了一半。那么此刻我们必须对全景图的天空部分进行填补。天空的填补，其素材来源有两种，第一种就是在地面使用三脚架和照相机专门拍摄天空的全景。第二种就是使用光线颜色相近的天空全景素材。前者的弊端是需要在尽可能相近的时间内，拍摄和制作原创天空素材。而后者则可以通过各种途径获得全景天空的半成品。至于天空素材的来源，大家可以根据自己的喜好来决定和选择。

使用Photoshop软件，依次大概顺序是：先导入全景图片和天空素材图片，为天空图层添加蒙版工具，使用渐变工具拉出天空和地面的重叠部分，特别要提醒使用渐变工具的时候，需要配合使用SHIFT键，才能拉出直线渐变，否则可能导致画面边缘渐变不均匀，这可能导致最终成品的全景图会出现缝隙。然后使用擦除工具，放大图片，仔细地调节擦除天和地的重叠部分，尽全力地让图片中天地自然融合。最后合并天空和地面两个图层为一张照片，然后对图片进行整体色彩进行调节，图片输出成高品质的JPEG成品图片。

①戎宁．全程全景航拍千里齐长城的挑战与思考[J]．全媒体探索，2021(3)：25-27.

三、航拍 VR 全景图片的网络发布

全景图片制作好了之后，由于其特殊的视角，如果不经特殊软件查看，其原始图片仍是一张画面扭曲的普通平面图片。制作全景图片的最终目的是为了模拟我们在真实三维世界双眼所看到视角场景。笔者最推荐的查看全景图片方法就是，把全景图片通过网络上传至专门展示全景图片的全景 VR 网站，如 720YUN、大疆的天空之城等。其大概过程是：登录其全景展示网站—登录用户—根据网站引导上传制作好的全景图片—等待网站服务器自动生成网页链接—复制链接到浏览器—查看全景图片。

任务 2 航拍直播

一、航拍直播的平台

无人机直播系统，是个将视频录制设备安装到无人机身上，然后飞到人所不能轻易到达的现场，如火灾区、战争区等进行拍摄，播放设备实时采集无人机拍摄的视频数据，然后通过网络进行直播的集成系统。

目前而言，由于无人机直播对网络、数据采集技术要求较高，在国内目前还没有大范围普及，但是一些比较主流的直播平台已经开始大范围采用了，如奥点云、目睹、斗鱼、微博、MBO 等直播平台。某些播放器也可以进行特定地址播放，如 Potplayer、VLC Media Player。当然，我们可以搭建自己的直播平台。

现阶段，无人机航拍在直播节目制作中的应用变得越来越广泛，航拍的画面成为节目的实时素材，可以结合实际直播节目的设定获取到更加有价值的信息，这可以吸引更多观众的眼球，从而使实际的直播效益朝着更加理想的方向发展和进步。

二、航拍直播的价值

直播的特点可以归结为：自主性，运用独立可控制的音视频采集设备，与转播电视信号不同，其可以更好地发挥信息传播中的自主性功能，因此成

为公开会议、听证会、法庭直播、公务员培训、产品发布会、年会等喜欢使用的技术手段；直观性，也就是说直播节目可以在没有任何编辑或者导演的架构中向人们展现最为真实的信息，内容更加丰富，表现形式更加直观，并且不会受到地域时空的限制；快速性，传统媒介的信息传输可能存在一定的可控延迟，但直播节目中的信息获取仅仅会受到网速的影响，实际的延迟很短，获取信息的时效性是很高的。

直播特点得以界定之后，就可以明确无人机航拍的价值：航拍可以获取到上帝视角，独特的画面可以使得观众更加全面地了解和掌握信息，使得实际直播节目的感染力和表现力得到更好的提升；无人机航拍的操作是一种比较复杂的技术手段，占用的人力资源要求比较高，但画面不会受到各种主客观因素的影响，方便携带。我国这些年一直致力于对电视新闻现场直播进行探索，其中就包括尝试运用最新的直播技术，从2013年开始，仅便携直播设备就从3G包升级到手机直播，再发展为如今的5G包，每次新技术的应用都会明显提升新闻报道的传播效果。传统的直播拍摄需要很多拍摄设备和设施，并且对实际拍摄设备使用者的要求也比较高，消耗大量的成本，获取到的画面角度总觉得有欠缺，从成本控制的角度来看，也需要将无人机航拍融入其中。当然，只有当新闻内容与表现方式有机结合，才会呈现出精彩报道；盲目运用航拍，只是炫技而已。

三、航拍直播的应用及优势

（一）无人机在直播中的具体应用

无人机在电视直播中的应用最为广泛，但无人机的直播功能不仅限于电视直播，在需要视频直播的场合，无人机都在发挥着重要作用。

1. 电视直播

电视直播是无人机应用最普遍的领用，如新闻直播或者综艺节目会采用航拍的形式展现一些需要的画面，直升机航拍比较麻烦；对于一些简单或者细致的拍摄，采用无人机更为方便、经济。小型无人机更容易操控，飞行高度较低，所以空中飞行的风险也较小。

2. 工程应用

无人机在城市规划、地质勘测、抗震救灾等方面都得到了广泛应用，既节省了人力、物力、财力，又大幅度提升了工作效率，降低了各种工程应用的难度，如自然灾害中人短时间很难到达的地方，可以通过无人机的镜头实时展现受灾地区的情况，及时为救援人员提供灾情判断依据。

3. 特殊环境应用

比如，在刑侦方面，虽然应用不是非常普遍，但是无人机在跟踪方面有天然的优势，受地形的影响较小；一些人很难到达的区域，可以通过无人机的镜头实时展示人所像看到的地区情形。

（二）无人机在直播中的优势

1. 简便

相对于人力拍摄和直升机拍摄，使用无人机更方便、操作灵活、受空间影响较小、成本不高。因此，在飞行速度要求较低的情况下，无人机是最佳选择。

2. 效率高

无人机体型小巧，可以随时进行直播，无需特殊的准备，硬件搭建和配置相对简单，短时间内即可实现直播拍摄。

3. 增强直播的针对性

可以实现随播随传，使观众在第一时间获得更多视频资讯。飞行高度和飞行范围便于控制，可以灵活调整拍摄区域，增强拍摄的针对性。还可以多个无人机协同工作，实现拍摄主体与细节相互映衬、相得益彰同。同时，由于无人机摄影不受场地限制，工程应用入门较低，能对重大自然灾害、突发事件进行直播，提升了抗震救灾的效率。

4. 警用

无人机直播在警用领域开始崭露头角。使侦察准确性和灵活性得到增强，提升了公安机关破案的效率和准确性。

（三）无人机直播技术的应用新动向

1. 无人机与云技术结合

云技术成为目前社会的一个热词。而无人机与云技术的融合，使直播的整体性得到大幅度提升。比如,通过无人机进行体育比赛直播,不仅能够使观众多角度观赏到比赛画面,更能明确界定比赛运动员动作的标准性,无人机直播对比赛争议的判罚比赛画面具有重要作用。云技术使传统直播手段与无人机直播有机结合,相得益彰。①

通过云服务平台,将无人机的画面与固定直播画面结合,形成一套完整的电视节目,并以此提供多种增值服务模式。

2. 无人机直播复合功能

未来的无人机运用可以实现实战、直播、回传等功能。除了目前比较流行的航拍航摄功能,无人机还可以通过直播完成更有使命感的任务。比如,使用无人机进行大数据采集,并具备人工智能的决策。

3. 无人机直播的平民化

随着云平台的普及,无人机直播的门槛大大降低,普通民众也可以利用无人机实现直播。

四、航拍直播的具体应用

航拍相较于普通拍摄而言是一种与众不同的拍摄手段,以"上帝视角"俯瞰全景,让观众全方位了解直播节目所想要传达的内容,对于提高直播收视率、增强节目感染力有较大的推动作用。同时,无人机的拍摄成本相比热气球、三角翼、直升机而言更为低廉,还具有便于携带、易操作、数据传输稳定、画面效果好以及安全性高等优势,可以在复杂地形或恶劣环境中保证拍摄的正常运行。此外,无人机航拍还能弥补新闻或大型直播时效性较弱的问题,保证现场与电视直播的同步进行。因此,将无人机航拍投入电视直播中是大势所趋。接下来,本书将对无人机航拍在电视直播中的应用进行阐述。

(一)无人机航拍在电视直播中的优势

无人机航拍作为一种新兴的直播方式在现今的电视直播中得到了广泛运用,尤其在自然灾害及重大特殊事件中展现出其独特的优势。主要体现在以下几方面。

①刘志君. 论无人机航拍在新闻报道中的实际应用[J]. 科技传播,2021,13(19):172-174.

1. 突发事件下具有较强的应对力

在发生重大意外事件的情况下，当新闻记者大多出于对自身安全的考虑无法前往现场掌握第一手资料并进行实时报道时，无人机航拍则可以很好地解决这一难题。航拍不仅不受拍摄角度的限制，能够全方位地拍摄事发地，最大限度地获取更大的有价值的影像材料，而且不受外部事物对其速度的限制，能够第一时间前往现场进行拍摄。例如，2017年怀化市遭遇百年不遇的洪灾，当地报社记者因洪水来势过于勇猛而无法直接进入现场进行拍摄报道。对此，当地报社立刻组织航拍直播小组到达主城区放飞无人机环绕主城进行航拍。有了从最高角度获取的影像素材，地面的记者们能够更加直观地了解受灾区的具体情况，能够为进一步拟定相应的采访计划、拍摄地点提前做好准备，有助于跟进后续的报道。

2. 增强画面内容的仪式感与隆重感

无人机航拍没有固定的拍摄机位，因此，可以灵活的在拍摄现场各个地点进行活动。这样拍摄的画面一方面可以将现场各个方位的场景360°无死角地呈现于大众眼前，使大众感受到整个现场的全貌，能够全面捕捉到其中所传递的信息。尤其在举行大型活动时，无人机航拍更加能够突出整个现场的仪式感与隆重感，牢牢抓住观众的目光，带给大众一场视觉盛宴。例如，海南卫视推出的《壮丽70年美好新海南》特别节目，就通过无人机航拍的方式将整个海南的美好风貌、70年的巨变与发展集中呈现于电视屏幕上，能够使大众产生一种强烈民族自豪感与自信心，不禁为伟大的祖国感叹，并对祖国的美好未来充满期待。

3. 有效提高直播时效性与真实性

无人机航拍相比传统拍摄方式而言，具有不受场地限制、隐蔽性、灵活性等特点，可以灵活地穿梭于现场进行拍摄，不仅能够全方位呈现现场状况，还能够保证直播内容的时效性与真实性。例如，记者为调查当地城市住宅加盖违章建筑和监测本地环境状况时，大多数居民和企业为躲避责任，都采取了一些强制措施阻挠记者进行拍摄。而无人机航拍则可以有效解决这一问题，不仅能够在其未察觉到的情况下完成整个拍摄，还能够将当地违章建筑和本地环境的真实状况公之于众，引起社会广泛关注，及时解决相关问题，促进城市发展。

（二）无人机航拍在电视直播中的应用

1. 在卫星车直播中的应用

卫星车作为当前电视直播中传输信号的最主要方式之一，对于电视直播的流畅性、及时性有着巨大影响。通常其使用的带宽为9M，以迷你的HDMI视频输出接口及非迷你的HDMI视频输出接口为主，在电视直播中基本能够实现对高清视频信号的有效传输，但对于无人机航拍则远远不够。为保证对航拍视频的高效输出，一般选择输出无损信号，且对于硬件设备的属性做出相应调整，确保在不同的情况下也能够顺利拍摄。此外，在无人机航拍中主要以转接线进行操作，而非使用遥控器，其转换头易损害且不稳定，可能会造成画面不稳定的问题。例如，浙江卫视《年度风云浙商颁奖典礼》就是利用卫星车进行直播的，整个节目画面清晰流畅，取得了良好的播放效果。

2. 在4G直播中的应用

近年来，我国4G网络通信设备及系统迅速发展，4G网络的信号传输效率较以往而言有了巨大的提高，使其成为当前网络视频直播中的重要载体之一。与卫星车相比，4G的传输速度更加快捷、成本更加低廉，能够保证直播中视频传输达到较为理想的效果。因此，在无人机航拍中有效利用4G网络通信的力量则能够更好地扩大视频的影响范围。例如，重庆市早在2015年4月就进行了无人机航拍与4G网络的首次结合，通过无人机进行航拍再利用4G网络进行传输，最后由卫星车接收转送至遥控机房进行同步直播，全方位呈现了清明小长假最后一天整个城内的交通状况，使得观众能够对于城内交通有更直观准确的了解。

3. 通过手机自带网络实现电视直播

随着手机功能的逐步增多，尤其是网络功能的增加，大众可以通过手机观看电视直播。当下，手机网络主要使用RTMP（实时信息传输协议）进行直播，在直播时通过该协议可获得由Flash/AIR平台所提供的流媒体或交互服务器之间的音频及画面数据。因此，无人机在进行航拍时可通过控制DJIGO界面来设置RTMP地址，再通过指定服务器与手机自身网络进行推流，之后服务端解码输出至演播室,实现电视直播内容的同步化、实时化。

4. 通过光纤链路实现电视直播

光纤链路是当前宽带网络传输媒介中传输效果最为理想、传输速度最为快速的一种,且以传输数据量大、传输数据质量好、数据损耗较小、可传输距离远等特点著称。如果在使用无人机航拍的拍摄地有光纤链路存在,应优先选择光纤链路进行数据传输。首先将拍摄视频信号输出至Mini-Conveters转换成SDI信号,接着再转入卫星车,最后由卫星车直接通过光纤链路传送至演播中心进行直播。

(三)注意事项

当前,全媒体进一步融合发展,对于新闻记者使用无人机进行航拍提出了更高的标准与要求。记者们需要第一时间进行航拍,然后将图片、视频发回广播电视或新媒体编辑后台进行编辑,在编辑中需要将第一手影像视频及时发布于网络平台之上,确保直播与现场同步。对于在拍摄中所收集到的图片、音频及影像需要及时地留档保存,并利用4G网络快速传输至广播电视或新媒体编辑后台再对素材进行筛选,将不重要的部分删减确保能够在短时间内将最核心的内容呈现在大众眼前。此外,不同拍摄场所的具体情况不同,可能会对无人机航拍的GPS信号输出和输入以及安全飞行造成一定影响。例如,在某地主城区内海拔1 000多米的森林公园进行航拍时,森林中树木可能导致无人机信号不稳定,严重者可能会造成坠机事故。因此,需要做好以下准备。

1. 做好航拍前的准备工作

无人机航拍开始前必须做好充分的准备工作,才能够保证后续拍摄工作的顺利开展。出发前需要做好两方面的检查工作:一是检查无人机电池及遥控器电量是否充足,是否能够满足全程的拍摄需要。当前的无人机为延长其使用寿命,大多在机器中安装了智能电池,但这类电池有一个致命的缺陷,就是自带放电功能,从而使得无人机航拍器在未使用的时候也在消耗电量,可能导致需要使用时出现电量不足或没有电的状况影响整个拍摄。因此,必须在正式使用前再进行一次充电,保证拍摄时电池电量充足。二是必须确保已插入的Micro-SD卡及Micro-SD的有充足的内存空间,以拥有

Class10及以上或达到UHS-I的传输速度，才能够保证拍摄的全部内容能够被有效传输并保存，避免出现拍摄内容丢失。

2. 做好起飞前的必要考察

无人机航拍开始时需要对飞行点及提前拍摄地环境进行考察，主要考察当时的天气状况、风力方向及强度、高度位置以及周边可能存在的障碍物（电线、树木、风筝线）等，以确保在一个相对稳定的拍摄环境下进行航拍。以风力、风向为例，其主要影响无人机操作安全和耗电量的多少，若在风力小于5级的情况下可正常起飞，因无人机在空中拍摄时需要稳定精准地悬停和抗风力影响，就会比无风状态或风力较小的情况消耗更多电量；若风力超过5级则需要慎重飞行或不起飞。此外，还需要注意风向的把握，顺风飞行时普遍比逆风飞行时消耗更少的电量，但有时顺风飞行时未注意电量消耗，飞行了较远距离，极有可能造成无人机无法返航、丢机，甚至坠机。

3. 提前根据拍摄地的实际情况，合理规划设计航线和航拍技法

飞机飞行有航线规划和飞行技法，无人机航拍同样适用。在正式起飞前，需要对无人机拍摄器的飞行性能做出考量，同时还应结合拍摄画面的需要，制定相适应的航拍路线和航拍技法。以“精灵4p”为例，在飞行时可沿三轴六面或绕立轴航行的技法飞行，在飞行中通过调整云台相机的俯仰高度，以及遥控器所控制的无人机和摄像云台；在短时间内尽可能拍摄出足量的可使用的画面素材，保证电视直播内容的需要。由此可见，合理规划设计航线和航拍技法尤为重要。

4. 加强无人机航拍实操技能训练

随着现今我国无人机航拍技术的逐步发展，无人机自身所存在的不足已明显减少。虽然为顺利完成拍摄任务增加了一份保障，但仍需要在平时加强无人机航拍实操技能训练。在未进行航拍时，航拍记者必须熟悉整个无人机机器的组成部分、基本的操作流程以及飞行注意事项；在平时的训练中尽可能地多使用姿态模式，减少对GPS卫星导航技术、智能飞行模式以及自动返航功能的依赖性，同时可能多进行手动操作，提高自身操纵能力，确保在复杂地形和艰难环境中能够正常升降机器并进行拍摄，延长无人机使用寿命。

参考文献

[1]卜清柔.无人机航拍实训教学基础飞行练习手法研究[J].电子元器件与信息技术,2021,5(10):146-147.

[2]陈曦亮,李钢,徐锋,等.基于无人机航拍照片的西安城市形象感知研究[J].地理科学进展,2021,40(9):1600-1612.

[3]崔岩,王启明.利用无人机航拍摄影技术促进旅游宣传研究[J].旅游与摄影,2021(10):104-105.

[4]董帅.无人机飞行原理及航拍技术应用[M].北京:中国纺织出版社,2017.

[5]房余龙.无人机技术与应用[M].苏州:苏州大学出版社,2021.

[6]龚建铧.无人机航拍影像雾化去除方法研究[D].哈尔滨:哈尔滨理工大学,2020.

[7]贾玉红.无人机系统概论[M].北京:北京航空航天大学出版社,2020.

[8]姜晨光.走近无人机[M].北京:化学工业出版社,2021.

[9]居里.无人机[M].杭州:浙江出版集团数字传媒有限公司,2019.

[10]李发致.无人机技术原理[M].北京:高等教育出版社,2020.

[11]李韵.浅谈影视航拍中RAW格式素材的应用[J].长江丛刊,2017(15):8-9.

[12]刘双岭.基于时空特征的航拍视频运动目标检测研究[J].软件导刊,2017,16(11):144-148.

[13]刘欣宜.基于多属性学习的航拍视频理解[J].科学技术创新,2022(4):41-44.

[14]刘志君．论无人机航拍在新闻报道中的实际应用[J]．科技传播，2021，13(19)：172–174.

[15]马国利．无人机基础概论[M]．西安：西北工业大学出版社，2021.

[16]戎宁．全程全景航拍千里齐长城的挑战与思考[J]．全媒体探索，2021(3)：25–27.

[17]王丹．无人机航拍技术及其应用[J]．电子制作，2020(20)：54–55，49.

[18]王思源，姜舟，许云飞．无人机结构与系统[M]．成都：西南交通大学出版社，2021.

[19]王斯宁．无人机航拍图像拼接关键技术研究[D]．天津：天津理工大学，2021.

[20]王毅，张恩正．无人机飞行原理[M]．成都：西南交通大学出版社，2022.

[21]吴道明，刘霞．无人机操控技术[M]．北京：机械工业出版社，2022.

[22]闫嘉怡．无人机航拍：智媒时代城市场景中的应用、隐患及应对[J]．数字技术与应用，2022，40(2)：96–98.

[23]张平梅．无人机航拍图像定位研究[D]．南京：东南大学，2021.